区域陆地生态系统碳收支遥感监测

闫慧敏　牛忠恩　著

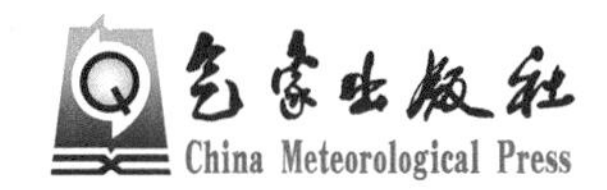

内容简介

本书是一本探讨利用遥感技术监测陆地生态系统碳通量的专业著作，系统阐述了基于遥感数据和通量观测数据的碳收支诊断(Carbon Budget Diagnose，CBD)模型构建，详细介绍了基于模型-数据融合技术和生物地理学特征的模型参数空间化方法；基于CBD模型，论述了中国和青藏高原地区陆地生态系统总初级生产力、生态系统呼吸和净生态系统生产力的时空特征。此外，本书深入探讨了从中分辨率到高分辨率的生态系统生产力遥感模型降尺度技术及其应用价值。本书可为科研人员、政策制定者和环境管理者在理解及应对气候变化方面提供科学依据和实践指导。

图书在版编目（CIP）数据

区域陆地生态系统碳收支遥感监测 / 闫慧敏，牛忠恩著. -- 北京 ：气象出版社，2024.1
ISBN 978-7-5029-8142-6

Ⅰ. ①区… Ⅱ. ①闫… ②牛… Ⅲ. ①遥感技术—应用—陆地—生态系—碳循环—研究 Ⅳ. ①X511

中国国家版本馆CIP数据核字(2024)第024831号

审图号:GS京(2024)0757号

区域陆地生态系统碳收支遥感监测
Quyu Ludi Shengtai Xitong Tan Shouzhi Yaogan Jiance

出版发行：气象出版社
地　　址：北京市海淀区中关村南大街46号　　**邮政编码：**100081
电　　话：010-68407112(总编室)　010-68408042(发行部)
网　　址：http://www.qxcbs.com　　**E-mail：**qxcbs@cma.gov.cn
责任编辑：蔺学东　王　聪　　**终　　审：**吴晓鹏
责任校对：张硕杰　　**责任技编：**赵相宁
封面设计：艺点设计
印　　刷：北京建宏印刷有限公司
开　　本：787 mm×1092 mm　1/16　　**印　　张：**6.75
字　　数：160千字
版　　次：2024年1月第1版　　**印　　次：**2024年1月第1次印刷
定　　价：60.00元

本书如存在文字不清、漏印以及缺页、倒页、脱页等，请与本社发行部联系调换。

前　言

在全球气候变化的大背景下，包括全球变暖和极端天气现象的频繁发生，给人类生存和发展带来了前所未有的挑战。这些变化促使国际社会采取行动，其中《联合国气候变化框架公约》要求各缔约方在公平的基础上，根据共同但有区别的责任和各自的能力，走绿色低碳发展道路，实现人与自然和谐共生。我国从自身基本国情和发展阶段特征出发，在2020年第七十五届联合国大会上，中国政府承诺二氧化碳排放力争于2030年前达到峰值，努力争取2060年前实现碳中和。此举不仅是对全球气候治理的积极贡献，亦是对国内生态文明建设的有力推动。这一战略目标的实现，依赖于对生态系统碳循环机制深入的理解以及对碳收支动态的精确监测。

遥感技术作为一种有效的地表观测手段，已经成为理解和监测地球系统的关键工具。特别是在陆地生态系统的碳循环研究中，遥感技术提供了一种全新的视角和方法。本书是一本探讨利用遥感技术监测陆地生态系统碳通量的专业著作，系统阐述了基于遥感数据和通量观测数据的碳收支诊断（Carbon Budget Diagnose，CBD）模型构建，详细介绍了基于模型-数据融合技术和生物地理学特征的模型参数空间化方法；基于CBD模型，论述了中国陆地生态系统总初级生产力、生态系统呼吸和净生态系统生产力的时空特征。研究中，我们特别关注了“地球第三极”青藏高原地区碳通量的空间格局及其年际变化趋势的准确模拟，以期为理解高海拔区域生态系统碳循环的特殊性及其对气候变化的响应提供科学数据。此外，本书探讨了从中分辨率到高分辨率的生态系统生产力遥感模型降尺度技术及其应用价值，为精细尺度的碳通量模拟提供支撑。

全书共13章：第1章主要介绍了陆地生态系统碳收支评估背景意义；第2章详细阐述了遥感估算陆地生态系统碳通量的基本概念和方法，包括总初级生产力、生态系统呼吸及净初级生产力的遥感估算方法和提高陆地生态系统生产力模拟精度的方法；第3章和第4章介绍了获取和处理模型驱动数据的方法，阐述了CBD模型的原理和构建过程；第5章和第6章介绍了CBD模型关键参数空间化的方法，对CBD模型模拟结果进行了验证；第7章、第8章和第9章详细介绍了中国陆地生态系统总初级生产力、生态系统呼吸及净生态系统生产力的空间格局和时间动态；第10章分析了青藏高原碳通量的空间格局及其年际变化趋势；第11章和第12章介绍从中分辨率到高分辨率的生态系统生产力遥感估算方法，并展示高分辨率生产力估算在区域尺度的应用案例；第13章讨论当前研究的挑战和未来的研究方向。全书主要由闫慧敏和牛忠恩主笔,高艳妮、陈静清等参与了本书的编写。CBD模型的建立和发展经过了十几年的历程,在模型研究过程中,得到了生态模型和遥感领域多位专家、学者的大力支持和指导,使得模型不断在验证和应用中得以改进,在此对各位老师给予的指导表示衷心的感谢!

本书的出版得到了南亚通道资源环境基础与承载能力考察研究项目(Y99K0130)的资助。

由于作者学识有限,书中难免存在诸多不妥之处,还望各位读者朋友能够提出宝贵意见,我们将在再版时予以更正!

著　者

2024年1月

目　　录

第1章 绪　论

全球气候变化是当今国际社会面临的重大挑战之一。过度依赖化石能源导致大量温室气体排放，加剧了全球气候变暖、冰川消融、海平面升高、极端天气气候等环境问题。21世纪以来，中国能源消费结构以化石能源为主，CO_2 排放量持续增长。陆地生态系统作为全球碳汇的重要组成部分，在实现中国碳减排目标中具有关键作用。2015年，联合国发布《2030年可持续发展议程》，将陆地生态系统保护作为一个单独的主题，提出了保护、恢复和促进可持续利用陆地生态系统，可持续管理森林，防治荒漠化，制止和扭转土地退化，遏制生物多样性的丧失的目标。2020年9月22日，中国国家主席习近平在第七十五届联合国大会一般性辩论上郑重宣示：中国将提高国家自主贡献力度，采取更加有力的政策和措施，二氧化碳排放力争于2030年前达到峰值，努力争取2060年前实现碳中和。中国正在为实现这一目标而付诸行动。在此背景下，开展陆地生态碳汇的科学研究和技术创新，对于推动实现碳中和目标具有重要意义。

陆地生态系统是自然界碳循环的主要组成部分。中国仅占全球陆地面积的6.5%，但贡献了全球陆地碳汇的10%～31%，表明中国陆地生态系统在全球陆地碳汇中发挥了重要作用(Piao et al.,2022)。近40年来，关于陆地生态系统碳汇在不同区域以及不同尺度上对调节气候变暖中的关键作用研究层出不穷，主要关注碳汇能力、碳汇分布以及变化和政策机制等方面。陆地生态系统碳汇研究的一个重要任务是准确评估区域尺度上包括总初级生产力(Gross Primary Productivity,GPP)、生态系统呼吸(Ecosystem Respiration,R_e)及净生态系统生产力(Net Ecosystem Productivity,NEP)在内的各碳收支分量，为全球碳循环及气候变化研究提供支持。陆地生态系统总初级生产力是指陆地绿色植被在单位面积、单位时间内通过光合作用所固定的有机碳量，是大气 CO_2 进入陆地生态系统的起点和重要分量，是定量描述生物圈特征的重要生态指标(Chapin et al.,2002;于贵瑞 等,2006)。陆地生态系统净生态系统生产力(即碳汇)是大气 CO_2 年际浓度变化的主要驱动力之一，是植被光合作用固定的 CO_2(即GPP)和呼吸作用释放 CO_2(即 R_e)之间的一个较小差值。因此，总初级生产力及生态系统呼吸的准确表达是NEP时空特征准确模拟的前提。

自20世纪80年代开始，中国学者逐渐对生态系统碳循环的主要组分和相关参数开展了野外调查和监测，并将研究范围从样点尺度扩展至区域和全国尺度。地面观测数据逐渐积累，卫星遥感资料、通量观测技术和各类模型逐渐被应用并加以发展，推动了中国陆地生态系统碳循环多数据源、多手段的综合应用。近几年，中国在森林、草原、湿地、农田等陆地生态系统的碳汇计算方法方面也逐渐趋于成熟，主要包括模型模拟法、现场实测法、大气反演法、通量观测法等。涡度相关技术通过测定垂直风速与大气 CO_2 浓度脉动量的协方差来确定生态系统与大气之间的 CO_2 通量，可以提供NEE的瞬时测定结果。同时，通过光响应曲线和呼吸方程可以将 NEE 的观测值拆分为 GPP 和 R_e 两个分量。由于涡度相关技术在观测和求算过程中几乎没有假设,具有坚实的理论基础,不受植被类型的限制,对下垫面植被和周围环境的干扰也很小,因此,这一技术已在全球范围得到广泛应用,并形成了包括中国通量网在内的亚洲通量网、美洲通量网、欧洲通量网等多地区的长期联网观测,为 GPP、R_e 和 NEE 模型的发展提供了重要的地面验证数据(于贵瑞 等,2011)。

卫星遥感观测能够以高的时间和空间分辨率获取与陆地生态系统碳收支相关的信息,已成为估算区域尺度生态系统碳收支组分的重要数据来源。因此,构建以遥感数据为驱动变量的 GPP、R_e 和 NEE 模型是目前模拟碳收支组分时空变化的重要途径,其不仅有利于模型在空间尺度的应用,而且避免了由于地面观测数据较低的时空分辨率而给区域尺度碳收支的模拟带来的显著误差(Rahman et al.,2005)。当前,基于遥感数据已实现 GPP 在区域及全球尺度的高时空分辨率模拟,其中代表性的模型有:CASA(Carnegie-Ames-Stanford Approach)模型(Potter et al.,1993)、VPM(Vegetation Photosynthesis Model)模型(Xiao et al.,2004)、C-Fix 模型(Veroustraete et al.,2002;King et al.,2011)、PSN(photosynthesis)模型(Running et al.,2004)、EC-LUE(Eddy Covariance-Light Use Efficiency)模型(Yuan et al.,2010)、PCM(Photosynthetic Capacity Model)模型(Gao et al.,2014)等,为区域尺度陆地生态系统生产力研究提供了支持。然而,由于缺乏对呼吸作用物理、化学、生物过程及其相互作用的理解,区域尺度高时空分辨率 R_e 估算研究较少(Jägermeyr et al.,2014),但是有研究表明,在非干旱胁迫条件下,生态系统呼吸与可通过遥感估算的植被生产力(Bahn et al.,2008;Gomez-Casanovas et al.,2012)及温度(Lloyd et al.,1994;Reichstein et al.,2003)紧密相关。基于此关系构建的由增强植被指数(Enhanced Vegetation Index,EVI)和陆地表面温度数据(Land Surface Temperature,LST)驱动的半经验呼吸模型(RECO 模型)(Jägermeyr et al.,2014)、GPP 和 LST 驱动的呼吸模型(ReRSM)(Gao et al.,2015)都表现出良好的模拟效果。当前,大多数遥感模型的关键参数(如最大光能利用率、参考呼吸等)是根据土地覆被类型设置的固定值,没有考虑其在植被类型上的差异和在时间、空间上的异质性。结合站点尺度通量数据及区域尺度遥感数据可以实现关键参数的空间化表达,进一步提高区域尺度的模型模拟效果,是当前模型发展的一个重要方向。

传统遥感模型大多基于 NOAA/AVHRR 或 MODIS 数据,因其时间分辨率高且成本低的优势已经成为陆地生产力遥感监测的重要手段(Sakamoto et al.,2005;闫慧敏 等,2010),成功应用于不同植被类型及不同区域的生产力模拟(Peng et al.,2011b;Wu et al.,2010a,2010b),已经成为植被生产力监测的一个重要指标(Gitelson et al.,2012)。基于 MODIS 数据的生产力遥感模型可以表达出生产力的时序变化,但空间表达不够精细;应用 Landsat、HJ-1 数据等高空间分辨率遥感数据估算的生产力,空间分辨率较高却无法表现时序变化。实时、高效、准确的大范围生产力动态监测依赖于高时空分辨率的遥感数据(邬明权 等,2014;Gao et al.,2006),因此,解决时间分辨率与空间分辨率的矛盾,得到高时空分辨率的生产力数据,是进行小区域生产力动态监测的一个重点。

卫星遥感观测能够以高的时间和空间分辨率获取与陆地生态系统碳收支相关的信息,已成为估算区域尺度生态系统碳收支组分的重要数据来源;站点观测数据为模型的发展提供了重要的地面验证数据。因此，结合站点观测数据，构建以遥感数据为驱动变量的GPP、R_e和NEE模型是目前模拟碳收支组分时空变化的重要途径，其不仅有利于模型在空间尺度的应用，而且避免了由于地面观测数据较低的时空分辨率而给区域尺度碳收支的模拟带来的显著误差。

第2章　基于遥感估算陆地生态系统碳通量研究进展

2.1　基本概念

（1）总初级生产力

总初级生产力（Gross Primary Productivity，GPP）是指绿色植被在单位面积、单位时间内通过光合作用途径所固定的有机碳量。它表征了陆地植被通过光合作用将 CO_2 和能量转化为自身有机碳的能力，是地球上一切生命物质来源的基础，是陆地碳循环的起始阶段。GPP主要决定于植物光合作用的碳同化潜力、植被的叶面积、群落结构和光合有效辐射、温度和有土壤水分和养分状况等环境条件。

（2）净初级生产力

净初级生产力（Net Primary Productivity，NPP）是指植物在进行光合作用过程中，通过固定 CO_2 和水，转化为有机物质并存储在植物体内的净量。与总初级生产力（Gross Primary Productivity，GPP）相比，NPP还考虑了植物呼吸消耗的有机碳量，即 NPP＝GPP－植物呼吸消耗的有机碳量。NPP是生态系统中生物量和生态系统功能的重要指标，是支撑生态系统服务的关键因素之一。较高的NPP意味着更多的生物物质被积累，也意味着更多的能量和营养物质可用于支持生态系统的各种功能，如生物多样性维持、土壤质量保持、气候调节等。

（3）生态系统呼吸

陆地生态系统呼吸（Ecosystem Respiration，R_e）是生态系统以 CO_2 的形式向大气释放碳的途径，是土壤微生物呼吸、根系呼吸、叶片呼吸及树干呼吸等的总和。根据其养分供给的来源，陆地生态系统呼吸可以分解为自养呼吸和异养呼吸。自养呼吸是植物消耗其自身固定的有机物维持其代谢活动的生态过程，即叶片呼吸、树干呼吸、根系呼吸等的总和，又可以分为生长呼吸和维持呼吸。异养呼吸是生态系统的其他组分利用植物所固定的有机物进行代谢活动的总和，主要表现为根际微生物呼吸、植物残茬的微生物呼吸、土壤有机质分解、动物呼吸等。

（4）净生态系统生产力

净生态系统生产力（Net Ecosystem Productivity，NEP）指总初级生产力减去生态系统呼吸作用消耗的光合产物之后剩余的部分。它表征了陆地与大气之间的净碳通量或碳储量的变化速率。净生态系统生产力的概念是为了分析陆地生物圈的碳汇/源功能提出的，表示大气

CO_2 进入生态系统的净光合产量，在大尺度上可以应用净生态系统生产力来评价陆地生态系统究竟是大气 CO_2 的汇还是源。当净生态系统生产力大于零时，表明生态系统是大气 CO_2 的汇；当净生态系统生产力小于零时，则表明生态系统是大气 CO_2 的源；当净生态系统生产力等于零，表明生态系统的 CO_2 排放与吸收达到平衡状态。CO_2 浓度增加将会使大多数生态系统的 NEP 增加，使得碳随时间在植被和土壤中累积，但 CO_2 浓度上升会促使温度上升，导致土壤呼吸速率增加，因此，大气 CO_2 浓度变化和气候变化对 NEP 的影响成为陆地碳汇/源研究的关键（于贵瑞 等，2006）。

2.2　基于遥感数据估算总初级生产力

当前，构建以遥感数据为驱动变量的 GPP 模型几乎全部以 Monteith 提出的光能利用率（LUE）理论为基础（Monteith，1972；Monteith et al.，1977）。这一理论来源于在农田生态系统的研究结果，其研究表明，在水热适宜的条件下，作物的生产力与作物截获的太阳辐射能强烈相关，可以用作物在生长季截获的光能和将光能转换为光合产物的效率（即 LUE）的乘积来估算。LUE 模型的通用形式为：

$$GPP = \varepsilon_{max} \times f \times FPAR \times PAR \tag{2.1}$$

式中：ε_{max} 表示没有环境胁迫条件下的最大光能利用率（mol C(mol APAR)$^{-1}$）；f 表示环境因素对 ε_{max} 的影响，是一个调节因子，数值范围为 0～1；ε_{max} 和 f 的乘积表示实际的光能利用率（LUE，mol C(mol APAR)$^{-1}$）；PAR 表示入射的光合有效辐射（mol PPFD m^{-2}s^{-1} 或 mol PPFD m^{-2}d^{-1}）；FPAR 表示植被冠层吸收的光合有效辐射的比例；PAR 和 FPAR 的乘积表示植被吸收的光合有效辐射（APAR，mol PPFD m^{-2}s^{-1} 或 mol PPFD m^{-2}d^{-1}）。LUE 模型的另一种表达形式为：

$$GPP = LUE \times FPAR \times PAR \tag{2.2}$$

上述方程是当前构建以遥感数据为驱动变量的 GPP 模型的基本形式。其模型构建思想是：尽量使用遥感数据或算法作为模型的驱动变量，进而减少对地面观测数据的依赖。下面将就光能利用率模型的参数设置方法和驱动变量的遥感表达方式进行综述。

2.2.1　最大光能利用率（ε_{max}）

ε_{max} 是光能利用率模型的重要参数，也是引起 GPP 估算误差的主要原因之一（Ruimy et al.，1999；Yuan et al.，2007）。已有研究表明，ε_{max} 在不同植被类型间存在差异，例如，Kergoat 等（2008）系统分析了全球温带和寒带典型生态系统 LUE_{max}（利用 GPP 与 APAR 的比值计算的最大光能利用率）的变化，结果表明，草地和农田生态系统的 LUE_{max} 要高于森林、苔原和湿地，各植被类型 LUE_{max} 的均值为 0.0182 mol mol^{-1}，变异系数高达 37%。Garbulsky 等（2010）对北美和欧洲地区主要陆地生态系统 LUE_{max} 的研究表明，农田生态系统的 LUE_{max} 最高，其次是热带雨林和草地，苔原最低。Wang 等（2010）认为，由于物种组成和植物功能型的高度空间异质性，即使是同一土地覆盖类型的 ε_{max} 也存在差异。

目前，光能利用率模型对 ε_{max} 的设置主要有两种方式。一种是将 ε_{max} 看作是一个定值。如 CASA 模型在估算生态系统净初级生产力(NPP)时将所有植被类型的 ε_{max} 统一取值为 0.389 g C m^{-2} MJ^{-1} APAR(Potter et al.，1993)。但是有学者指出，这一数值明显低于我国的实际情况(朱文泉 等，2006)。GLO-PEM 模型仅仅将植被区分为 C3 和 C4 两类，前者的 ε_{max} 利用量子产量进行计算，后者则直接设置为定值(Prince et al.，1995)。3-PG 模型在模拟森林生态系统 GPP 时将 ε_{max} 取值为 1.8 g C m^{-2} MJ^{-1} APAR(Landsberg et al.，1997)。C-Fix 模型假设 ε_{max} 为 1.1 g C m^{-2} MJ^{-1} APAR(Veroustraete et al.，2002)。EC-LUE 模型将 ε_{max} 设置为 2.14 g C m^{-2} MJ^{-1} APAR(Yuan et al.，2007)。以上研究虽然几乎将 ε_{max} 看作是一个定值，但是数值设置的大小存在较大差异。

另一种是对不同植被类型的 ε_{max} 进行分别设置，如 MODIS GPP 算法利用查表法确定不同生物群区的 ε_{max}(Running et al.，2004)。VPM 模型基于文献调查或根据 NEE 与光合作用的光量子通量密度(PPFD)之间的光响应方程确定不同植被类型的 ε_{max}(Xiao et al.，2004)。但是有研究指出，利用 NEE 与 PPFD 之间函数关系确定的 ε_{max} 在很大程度上取决于线性或非线性模型的选择(Frolking et al.，1998；Xiao et al.，2005)。如 Ruimy 等(1999)基于发表的 126 个数据集的 GPP 和 PPFD 数据，利用线性模型估算的 ε_{max} 约为 0.020 mol mol^{-1}，而利用非线性双曲线方程估算的 ε_{max} 约为 0.044 mol mol^{-1}，两者的数值差别很大。

此外，还有个别研究考虑了 ε_{max} 的空间变异，如 Wang 等(2010)利用中国东部 14 个通量站的 ε_{max} 构建了一个表征 ε_{max} 空间变化的指数方程，基于这一指数方程模拟的中国北方地区 GPP 的空间分布与地面观测的 GPP 具有很好的吻合度，并且清晰地反映了湿度和土地利用强度等对 GPP 的影响。因此，考虑 ε_{max} 的空间异质性可能是光能利用率模型未来研究的一个发展方向。

2.2.2 环境因素影响(f)

不同的光能利用率模型包含的环境限制因子存在差异，但是大多数模型将温度和水分作为影响 ε_{max} 的主要环境因素，个别研究又进一步考虑了诸如物候、林龄等的影响。如 GLO-PEM 模型考虑了低温、高水汽压差(VPD)和土壤湿度对光合同化的影响(Prince et al.，1995)。MODIS GPP 算法选取低温和高 VPD 作为调节 ε_{max} 的环境因子(Running et al.，2004)。3-PG 模型考虑了土壤干旱度、VPD 和林龄对森林生态系统 ε_{max} 的影响(Landsberg et al.，1997)。C-Fix 模型包含了温度和 CO_2 施肥效应的影响(Veroustraete et al.，2002)。VPM 模型则将温度、陆地表面水分条件和物候作为影响 ε_{max} 的主要因子(Xiao et al.，2004)。EC-LUE 模型根据 Liebig 定律，选取表征温度和土壤湿度变化的两个指数的最小值来调节 ε_{max}(Yuan et al.，2007)。但是，各模型即使考虑了相同的影响因子，其算法也有所不同。表 2.1 汇总了不同模型表征各因素对光合作用影响时所采用的方程形式。

表 2.1　ε_{max} 的影响因子及其方程形式

影响因素	算法	所属模型	参考文献
温度	$f_t = \left(\frac{T_a - T_{min}}{T_{opt} - T_{min}}\right)\left(\frac{T_{max} - T_a}{T_{max} - T_{opt}}\right)^{\left(\frac{T_{max}-T_{opt}}{T_{opt}-T_{min}}\right)}$ T_a、T_{min}、T_{max} 和 T_{opt} 分别表示月平均气温、最低、最高和最适树木生长温度	3-PG	Landsberg et al.，1997
	$p(T_{atm}) = \frac{e^{\left(C_1 - \frac{\Delta H_{a,P}}{R_g T}\right)}}{1 + e^{\left(\frac{\Delta S T - \Delta H_{d,P}}{R_g T}\right)}}$ C_1：常数；$\Delta H_{a,P}$：活化能；R_g：气体常数；ΔS：CO_2 变性平衡熵；$\Delta H_{d,P}$：去活化能；T：空气温度	C-Fix	Veroustraete et al.，2002
	$T_{scalar} = \frac{(T - T_{min})(T - T_{max})}{[(T - T_{min})(T - T_{max})] - (T - T_{opt})^2}$ T_{min}、T_{max} 和 T_{opt} 分别表示植物光合作用的最低、最高和最适温度	VPM、EC-LUE	Xiao et al.，2004；Yuan et al.，2007
	$\text{scaledLST} = \min\left[\left(\frac{\text{LST}}{30}\right); (2.5 - (0.05 \times \text{LST}))\right]$	TG	Sims et al.，2008
水分	$f_w = \min\left(e^{p_{cof}VPD}, \frac{1}{1 + \left(\frac{1 - W_r}{W_e}\right)^{W_p}}\right)$ VPD 和 p_{cof} 分别表示饱和水汽压差和 VPD 的系数；W_e 和 W_p 不随土壤而变化；W_r：土壤含水率	3-PG	Landsberg et al.，1997
	$W_{scalar} = \frac{1 + \text{LSWI}}{1 + \text{LSWI}_{max}}$ LSWI 和 LSWI_{max} 分别表示陆地表面水分指数和最大陆地表面水分指数	VPM	Xiao et al.，2004
	$W_s = EF = \frac{1}{1 + \beta}$，$EF$ 和 β 分别表示蒸发比和波文比 $W_s = \frac{LE}{R_n}$，LE 和 R_n 分别表示潜热（低于蒸散）和净辐射	EC-LUE	Yuan et al.，2007；Yuan et al.，2010
物候	$P_{scalar} = \frac{1 + \text{LSWI}}{2}$，叶片萌生到完全伸展期 $P_{scalar} = 1$，叶片完全伸展之后	VPM	Xiao et al.，2004
林龄	$f_a = \frac{1}{1 + \left(\frac{F_{ar}}{0.95}\right)^3}$ F_{ar}：相对林龄，是实际林龄和最大林龄的比率	3-PG	Landsberg et al.，1997
CO_2 施肥	$CO_2\,\text{fert} = \frac{[CO_2] - \frac{[O_2]}{2s}\ \ K_m\left(1 + \frac{[O_2]}{K_0}\right) + [CO_2]^{ref}}{[CO_2]^{ref} - \frac{[O_2]}{2s}\ \ K_m\left(1 + \frac{[O_2]}{K_0}\right) + [CO_2]}$ K_m 和 K_0：分别表示温度依赖性	C-Fix	Veroustraete et al.，2002

2.2.3 植被冠层吸收的光合有效辐射比例(FPAR)

在叶片水平,FPAR 主要受叶绿素(Chl)含量和干物质含量的影响;在冠层和生态系统水平,则主要受 Chl 含量、叶面积指数(LAI)和植被覆盖度等的影响。由于只有叶绿素吸收的那部分光合有效辐射参与了光合作用,因此,FPAR 的计算方法对光能利用率模型的模拟精度有显著影响。Zhang 等(2005)分别估算了冠层($FPAR_{canopy}$)、叶片($FPAR_{leaf}$)和叶绿素($FPAR_{chl}$)三个水平上的 FPAR,结果表明三者存在较大差异。其中,由 $FPAR_{chl}$ 计算的 $APAR_{chl}$ 与通量观测 GPP 的相关性明显高于由 $FPAR_{canopy}$ 计算的 $APAR_{canopy}$(Zhang et al. ,2009)。Ogutu 等(2013)利用通量观测的 NEE 反演了来源于光合作用组分的 FPAR($FPAR_{ps}$),其数值要小于 $FPAR_{canopy}$。当前,大多数光能利用率模型利用植被指数来反演 FPAR 的变化,见表 2.2。只有个别 LUE 模型对 FPAR 的来源进行了区分。如 VPM 模型在概念上区分了植被光合有效成分(PAV)和非光合有效成分(NPV),并在模型构建过程中利用 EVI 表征来源于 PAV 部分的 FPAR($FPAR_{PAV}$)(Xiao et al. ,2004)。SCARF 模型只考虑了光合作用组分的 $FPAR_{ps}$,并利用 MTCI 的线性方程来表征其变化(Ogutu et al. ,2013)。

表 2.2 光能利用率模型中 FPAR 的反演

模型	算法	参考文献
GLO-PEM	$FPAR=1.67\times NDVI-0.08$	Prince et al. ,1995
C-Fix	$FPAR=0.8642\times NDVI-0.0814$	Veroustraete et al. ,2002
MODIS GPP	MOD15 FPAR	Running et al. ,2004
VPM	$FPAR_{PAV}=EVI$	Xiao et al. ,2004
EC-LUE	$FPAR=1.24\times EVI-0.168$	Yuan et al. ,2007
SCARF	$FPAR_{ps}=0.76\times MTCI+0.07$	Ogutu et al. ,2013

2.2.4 入射光合有效辐射(PAR)

PAR 是植物进行光合作用的能量来源,也是光能利用率模型的主要输入变量。当前,除了 TG 模型在一定程度上利用陆地表面温度(LST)表征 PAR 的变化(Sims et al. ,2008)和 GLO-PEM 模型利用遥感数据反演 PAR(Prince et al. ,1995),其余的 LUE 模型还主要依赖于地面观测的辐射数据,这在很大程度上限制了模型在空间尺度的应用。LUE 模型中的 PAR 主要有三种来源:一是直接观测的 PAR(Xiao et al. ,2004;Yuan et al. ,2007)。二是从短波辐射或太阳辐射计算得到(Running et al. ,2004;Veroustraete et al. ,2002),这是因为目前尚未形成一个全球或区域尺度的 PAR 的观测网络,而短波辐射或太阳辐射的观测站点较多,易于进行空间尺度的插值,并且有多个数据集可供下载,如 DAO 数据集、NLDAS-2 等。三是潜在 PAR(Gitelson et al. ,2012;Peng et al. ,2013),这是因为有研究表明,基于潜在 PAR 模拟的 GPP 精度要高于入射 PAR。

2.2.5　叶绿素含量

在光能利用率模型中，不仅驱动变量 FPAR 与叶绿素含量有关，而且方程(2.1)中的实际光能利用率(LUE)也与 Chl 含量具有很好的相关关系(Peng et al.，2011a)。因此，从 Chl 含量的角度对 LUE 模型进行简化，由此形成了仅由叶绿素含量和 PAR 驱动的 GPP 模型，如 VI 模型(Wu et al.，2010a，2010b)和 GR 模型(Peng et al.，2011a，2013；Sakamoto et al.，2011)。基于当前发展的众多可有效表征 Chl 含量变化的植被指数(VI)，VI 模型采用的形式为 VI×VI×PAR，GR 模型形式则仅为 VI×PAR。尽管 Chl 含量也可以应用辐射传输模型进行模拟，但由于其复杂性和不易操作性，现有的 LUE 模型还主要以 VI 来表征 Chl 含量的变化(表 2.3)。

表 2.3　与叶绿素含量有关的植被指数

植被指数	算法	参考文献
Normalized Difference Vegetation Index(NDVI)	$\mathrm{NDVI}=\frac{\rho_{\mathrm{nir}}-\rho_{\mathrm{red}}}{\rho_{\mathrm{nir}}+\rho_{\mathrm{red}}}$	Rouse，1973
Enhanced Vegetation Index(EVI)	$\mathrm{EVI}=G\times\frac{\rho_{\mathrm{nir}}-\rho_{\mathrm{red}}}{\rho_{\mathrm{nir}}+(C_1\times\rho_{\mathrm{red}}-C_2\times\rho_{\mathrm{blue}})+L}$，$G=2.5$，$C_1=6.0$，$C_2=7.5$，$L=1$	Huete et al.，2002
EVI2	$\mathrm{EVI}=2.5\times\frac{\rho_{\mathrm{nir}}-\rho_{\mathrm{red}}}{(1+\rho_{\mathrm{nir}}+2.4\times\rho_{\mathrm{red}})}$	Jiang et al.，2008
Green Chlorophyll Index(CI_{green})	$CI_{\mathrm{green}}=\frac{\rho_{\mathrm{nir}}}{\rho_{\mathrm{green}}}-1$	Gitelson et al.，2003，2005
Red edge Chlorophyll Index ($CI_{\mathrm{red\ edge}}$)	$CI_{\mathrm{red\ edge}}=\frac{\rho_{\mathrm{nir}}}{\rho_{\mathrm{red\ edge}}}-1$	Gitelson et al.，2005
Simple Ratio(SR)	$SR=\frac{\rho_{\mathrm{nir}}}{\rho_{\mathrm{red}}}$	Jordan，1969
Soil-adjusted Vegetation Index (SAVI)	$\mathrm{SAVI}=(1+L)\times\frac{\rho_{\mathrm{nir}}-\rho_{\mathrm{red}}}{(\rho_{\mathrm{nir}}+\rho_{\mathrm{red}}+L)}$，　$L=0.5$	Huete，1988
Modified SAVI(MSAVI)	$\mathrm{MSAVI}=\frac{2\rho_{\mathrm{nir}}+1-\sqrt{(2\rho_{\mathrm{nir}}+1)^2-8(\rho_{\mathrm{nir}}-\rho_{\mathrm{red}})}}{2}$	Qi et al.，1994
Optimized SAVI(OSAVI)	$\mathrm{OSAVI}=(1+0.16)\times\frac{\rho_{\mathrm{nir}}-\rho_{\mathrm{red}}}{(\rho_{\mathrm{nir}}+\rho_{\mathrm{red}}+0.16)}$	Rondeaux et al.，1996
Modified Chlorophyll Absorption in Reflectance Index(MCARI)	$\mathrm{MCARI}=[(\rho_{700}-\rho_{670})-0.2\times(\rho_{700}-\rho_{550})]\times\frac{\rho_{700}}{\rho_{670}}$	Daughtry et al.，2000
Transformed Chlorophyll Absorption in Reflectance Index (TCARI)	$\mathrm{TCARI}=3\times\left[(\rho_{700}-\rho_{670})-0.2\times(\rho_{700}-\rho_{550})\times\frac{\rho_{700}}{\rho_{670}}\right]$	Haboudane et al.，2002
Visible Atmospherically Resistant Index(VARI)	$\mathrm{VARI}=\frac{\rho_{\mathrm{green}}-\rho_{\mathrm{red}}}{\rho_{\mathrm{green}}+\rho_{\mathrm{red}}-\rho_{\mathrm{blue}}}$	Gitelson et al.，2012
Weighted Difference Vegetation Index(WDVI)	$\mathrm{WDVI}=\rho_{\mathrm{nir}}-1.06\times\rho_{\mathrm{red}}$	Clevers，1989

续表

植被指数	算法	参考文献
Triangular Vegetation Index(TVI)	$TVI = 0.5 \times [120 \times (\rho_{nir} - \rho_{green}) - 200 \times (\rho_{red} - \rho_{green})]$	Broge et al. ,2001
MERIS Terrestrial Chlorophyll Index(MTCI)	$MTCI = \frac{\rho_{nir} - \rho_{red\ edge}}{(\rho_{red\ edge} - \rho_{red})}$	Dash et al. ,2004
Wide Dynamic Range Vegetation Index(WDRVI)	$WDRVI = \frac{(\alpha \times \rho_{nir} - \rho_{red})}{(\alpha \times \rho_{nir} + \rho_{red})}, \quad \alpha = 0.5$	Gitelson,2004
	$WDRVI = \frac{(\alpha \times \rho_{nir} - \rho_{red})}{(\alpha \times \rho_{nir} + \rho_{red})} + \frac{1-\alpha}{1+\alpha}, \quad \alpha = 0.2$	Peng et al. ,2011a

当前以遥感数据为驱动变量的 GPP 模型大体可以分为两类，一类是以方程(2.1)为基础的模型形式，如 GLO-PEM、C-Fix、VPM 和 EC-LUE 模型。这类模型需要事先确定最大光能利用率，并且需要地面观测数据作为输入变量。这在一定程度上限制了模型在空间尺度的应用，并且地面观测数据较粗的空间分辨率容易给区域尺度 GPP 的模拟带来模拟误差(Rahman et al. ,2005;Sims et al. ,2008)。另一类是简化形式，如 VI 和 GR 模型。这类模型不需要设置 ε_{max}，并且减少了或者避免了对地面观测数据的依赖，在一定程度上有利于模型在区域和全球尺度的应用。但是这类模型的参数通常不具有明确的生态学含义(Yang et al. ,2013)。表 2.4 汇总了常用的以遥感数据为驱动变量的 GPP 模型。

表 2.4 常用的以遥感数据为驱动变量的 GPP 模型

模型	算法	参考文献
GLO-PEM	$GPP = \sum_t [(\sigma_{T,t} \times \sigma_{e,t} \times \sigma_{s,t} \times \varepsilon^*_{g,t}) \times (N_t \times S_t)]$ $\varepsilon^*_{g,t}$ 即 ε_{max}；$\sigma_{T,t}$、$\sigma_{e,t}$ 和 $\sigma_{s,t}$ 分别表示低温、高 VPD 和土壤湿度对光合作用的影响；N_t 即 FPAR；S_t 即入射 PAR	Prince et al. ,1995
3-PG	$GPP = kI_m LAI f_a f_t f_w f_d$ I_m：每月接收的 PAR；LAI：叶面积指数；f_a、f_t、f_w 和 f_d：分别表示林龄、月平均气温、土壤干旱度和每月霜日百分比修正的函数；k：转换常数	Landsberg et al. ,1997
C-Fix	$GPP = p(T_{atm}) \times CO_2 fert \times \varepsilon \times fAPAR \times c \times S_{g,d}$ ε：光能利用率；$p(T_{atm})$：标准化气温依赖因子；CO_2fert：标准化 CO_2 施肥效应因子；$S_{g,d}$：入射的太阳辐射；c：PAR 与 $S_{g,d}$ 的转化系数，0.48	Veroustraete et al. ,2002
MODIS GPP	$GPP = \varepsilon_{max} \times m(T_{min}) \times m(VPD) \times FPAR \times SWrad \times 0.45$ $m(T_{min})$和 $m(VPD)$分别表征低温和高 VPD 对 ε_{max} 的因子；SWrad：太阳短波辐射	Running et al. ,2004
VPM	$GPP = (\varepsilon_0 \times T_{scalar} \times W_{scalar} \times P_{scalar}) \times FAPAR_{PAV} \times PAR$ ε_0 即 ε_{max}；T_{scalar}、W_{scalar} 和 P_{scalar}：分别表示温度、水分和物候对 ε_0 的调节；$FAPAR_{PAV}$：植被光合有效部分吸收的 PAR 的比例	Xiao et al. ,2004
EC-LUE	$GPP = \varepsilon_{max} \times \min(T_s, W_s) \times fPAR * PAR$ T_s，W_s：分别表示温度和湿度对 ε_{max} 的影响	Yuan et al. ,2007

续表

模型	算法	参考文献
TG	GPP = (scaledEVI × scaledLST) × m m 为模型系数	Sims et al.,2008
VI	GPP $\propto$ VI × VI × PAR	Wu et al.,2010a
GR	GPP $\propto$ VI × PAR_{in} GPP $\propto$ VI × PAR_p PAR_{in} 和 PAR_p 分别表示入射 PAR 和潜在 PAR	Gitelson et al.,2012; Wu et al.,2010a

2.3　基于遥感数据估算生态系统呼吸

由于 R_e 的组分非常复杂，决定各组分呼吸速率的生态过程机理又有所不同，特别是应用遥感方法难以直接获取制约生态系统地下呼吸组分的生态信息(Valentini et al.,2000;Running et al.,2004;Olofsson et al.,2008;Tang et al.,2012)，因此，当前应用遥感数据估算 R_e 的研究还很少，R_e 的遥感模型开发进展缓慢。

大量研究表明，R_e 与 GPP(Bahn et al.,2008;Gomez-Casanovas et al.,2012;Huang et al.,2013a,2013b)和地表温度(Lloyd et al.,1994;Reichstein et al.,2003;Bond-Lamberty et al.,2010)具有紧密的相关关系。基于以上关系构建的半经验 R_e 模型已经在站点尺度取得了很好的模拟效果(Reichstein et al.,2003;Migliavacca et al.,2011)。当前，针对 GPP 的遥感估算模型研究取得了重要进展，不仅发展了一系列与植被生产力有关的植被指数(Huete et al.,2002;Gitelson et al.,2005)，而且基于植被的光能利用率理论，还构建了众多由遥感数据驱动的 GPP 反演模型(Xiao et al.,2004;Sims et al.,2008)，这些模型无论是在站点尺度还是在区域尺度上，均能够很好地模拟 GPP 的季节变化。此外，来源于 MODIS 数据的陆地表面温度(LST)被证明与地面观测的温度具有紧密的相关关系(Sims et al.,2008;Ueyama et al.,2010)。因此，R_e 与 GPP 和地表温度的相关关系为构建遥感数据驱动的 R_e 模型提供了重要依据。目前，研究者主要从以下三个途径探索构建 R_e 的遥感估算模型。

第一，分析 R_e 与可应用遥感数据反演的植被指数和 LST 的相关关系。例如，Rahman 等(2005)研究表明，在植被密集的站点，夜间 R_e 与夜间 LST 呈非常强的指数相关($r^2=0.67$)；Huang 等(2012)分析了 EVI、$CI_{red\ edge}$ 和 NDVI 三个植被指数与玉米和冬小麦生长季日平均土壤呼吸(R_s)的相关关系，结果表明，EVI($r^2=0.80$ 和 0.85)和 $CI_{red\ edge}$($r^2=0.63$ 和 0.85)与两个植被类型的 R_s 均强烈相关，并且决定系数大于 NDVI($r^2=0.36$ 和 0.80)；Huang 等(2013a,2013b)利用不同的统计方法分析了 NDVI、EVI 和 MSAVI 三个植被指数与青藏高原地区草地生长旺盛期 R_s 的相关关系，结果表明，指数方程是描述植被指数与 R_s 之间相关关系的最优函数形式，并且 NDVI 对 R_s 空间变化的解释能力要好于 EVI 和 MSAVI。以上研究结果为构建遥感数据驱动的 R_e 模型提供了重要基础。

第二，利用植被指数或 LST 代替呼吸方程中植被生产力或温度的变化或者基于经验选取二者作为模型的驱动变量。例如，Vourlitis 等(2003)在模拟阿拉斯加 Kuparuk 河流域夏季 CO_2 交换时，利用 NDVI 的 S 形方程与温度的指数方程的乘积形式表征 R_e 的变化；Gilmanov 等(2005)在构建 R_e 模型时，加入了 NDVI 作为模型的驱动变量；Schubert 等(2010)选取全天的 LST 表征 Lloyd-Taylor 方程中温度的变化，进而模拟的两个泥炭地的 R_e 与观测的 R_e 的 r^2 分别为 0.89 和 0.83；Huang 等(2013b)在由土壤温度和土壤含水量驱动的 R_s 模型中加入了 $Chl_{green\ edge}$ 变量，其明显提高了对农田生态系统 R_s 的模拟精度。目前，这类途径是构建遥感数据驱动的 R_e 模型的主要形式。

第三，利用遥感数据直接构建 R_e 的估算模型。据我们所知，目前这类研究还很少。仅有 Jägermeyr 等(2014)基于 R_e 与 GPP 和温度的相关关系构建了一个由 EVI 和 LST 驱动的半经验 R_e 模型(称为 RECO)，其模拟的北美和欧洲地区 R_e 的空间格局与基于过程的 DGVM LPJmL 模型模拟的空间格局相似。此外，Huang 等(2014)构建了一个由来源于 MODIS 的植被指数和 LST 以及来源于 AMSR-E 的根际土壤湿度数据驱动的 R_s 模型，并指出这一模型具有模拟温带阔叶森林 R_s 的潜力。

2.4　基于遥感数据估算净生态系统 CO_2 交换量

净生态系统 CO_2 交换量(NEE)是总初级生产力(GPP)和生态系统呼吸(R_e)之间的一个较小差值。其为负值表示陆地生态系统从大气中固定 CO_2，为正值表示陆地生态系统向大气释放 CO_2。估算 NEE 的时空变化是碳通量遥感模型研究的最终目标。目前，构建 NEE 的遥感估算模型主要有两种方式。

一类是基于统计方法构建 NEE 模型。即将站点观测的 NEE 作为因变量，将与碳收支过程有关的遥感数据和地面观测数据作为自变量，借助各种统计回归方法寻找最优的 NEE 模型结构。例如，Wylie 等(2007)选取 PAR、NDVI、温度、降水等与物候、土壤和植被类型有关的因子作为解释变量，采用分段回归的方法构建 NEE 模型，并利用该模型模拟了美国北部大平原 NEE 的变化。Xiao 等(2008)选取 MODIS 表面反射率(1～6 波段)、EVI、LST、NDWI、FPAR 和 LAI 作为解释变量，采用修改的回归树方法构建 NEE 模型，该模型预测的 NEE 与通量观测的 NEE 的 r 为 0.73，并且大体上模拟了美国 2005 年 NEE 的季节和空间变化。此后，Xiao 等(2011)又进一步利用该方法模拟了美国 2002—2006 年 NEE 的时间动态及其源汇的空间分布格局。Ueyama 等(2010)选取 NDVI 和 LST 作为解释变量，采用逐步回归的方法构建 NEE 模型，并模拟了阿拉斯加地区黑云杉林 NEE 的时空变化。Yan 等(2010)选取 MODIS 表面反射率(1～7 波段)、NDVI、EVI、LSWI 和 LSWI(2100)作为解释变量，采用分段回归方法构建 NEE 模型，其模拟的 NEE 与通量观测 NEE 的 r^2 为 0.78，并且大体上模拟了潮汐淹没梯度横断面 NEE 的时空变化。Patel 等(2011)选取 EVI、NDVI、LST 和空气温度作为解释变量，利用多元回归方法发展 NEE 模型。Tang 等(2011)选取 EVI、LSWI 和 LST 作为解释变量，利用多元线性回归方法构建 NEE 模型，很好地预测了 Harvard 森林站点落叶阔叶林

NEE 的季节动态。此后，Tang 等(2012)又利用这一方法很好地模拟了北美主要森林生态系统 NEE 的变化。

另一类是借鉴过程模型特征构建 NEE 模型。这类模型区分光合过程和呼吸过程，在模型构建时分别表征 GPP 和 R_e 的变化。例如，Vourlitis 等(2003)在构建 NEE 模型时，利用 NDVI 和 PAR 模拟 GPP 的变化，利用 NDVI 和 T 模拟 R_e 的变化；Mahadevan 等(2008)利用修改的 VPM 模型表征 GPP 的变化，利用 T 的线性方程表征 R_e 的变化，该模型对小时到月尺度的 NEE 均有很强的预测能力；Olofsson 等(2008)利用 EVI 和 APAR 的线性模型表征 GPP 的变化，利用 Lloyd-Taylor 方程表征 R_e 的变化，其构建的 NEE 模型可以分别模拟阔叶林和针叶林 NEE 变化的 61%和 75%；Maselli 等(2010)在 BIOME-BGC 模型中融合了以 NDVI 为驱动变量用于模拟 GPP 变化的 C-Fix 模型，由此提高了 BIOME-BGC 模型对 NEE 的预测精度；Wohlfahrt 等(2010)利用 NDVI 表征光响应曲线方程中参数的变化，进而提高了对温带山地草地日尺度 NEE 的模拟能力；Schubert 等(2010)利用 EVI 和 PPFD 的乘积表示 GPP 的变化，利用 LST 驱动的 Lloyd-Taylor 方程表征 R_e 的变化，其模拟的瑞典两个泥炭地的 NEE 与通量观测 NEE 的 r^2 分别为 0.81 和 0.73；Loranty 等(2011)通过选取 NDVI 的指数方程反演 PLIRTLE 模型中 LAI 的变化，很好地模拟了苔原站点 NEE 的时间动态。

基于统计方法构建的 NEE 模型通常结构简单，但是其算法和输入参数可能具有生态系统特定性(Wohlfahrt et al.，2010；Ueyama et al.，2010)。而借鉴过程模型的特征考虑模型变量与 NEE 及其组分间的机理关系有助于解决这一问题(Wohlfahrt et al.，2010)。

2.5　提高陆地生态系统生产力模拟精度的方法

基于遥感模型可评估区域乃至全球尺度的生态系统生产力及生态系统呼吸，采用空间化的参数、考虑多熟农田种植可提高模型区域的模拟精度，融合多源遥感数据，可提高遥感模型的空间分辨率。

2.5.1　参数空间化

(1)最大光能利用率

最大光能利用率是影响光能利用率模型进行尺度上推的一个关键参数。最大光能利用率是指植被在没有任何限制的理想条件下对光合有效辐射的利用率，是植物本身的一种生理属性。最大光能利用率作为光能利用率模型的重要参数，其估算结果的不确定性是决定模型模拟精度的重要因素(赵育民 等，2007)，而其在区域尺度表达是制约 LUE 模型区域估算精度的另一个主要因素(王鹤松 等，2010)。在目前研究中，光能利用率在不同植被类型间的变异颇受争议(Goetz et al.，1999；Gower et al.，1999)。一方面，表现在研究者根据研究目的的不同对 LUE 采取了不同的计算方法，难以进行研究结果间的比较；另一方面，表现在研究者为了对模型参数进行简化，大多将模型的最大光能利用率根据土地覆被类型设置为固定值，而没有考虑其在植被类型上的差异和在时间、空间上的变异，对于实施多熟种植的农田系统，作物类型不仅存在空间上的异质性，还具有在时相上的变化特征。如果同一地块一年内轮作作物种类的光合路径不同（冬小麦-夏玉米两熟），NPP 的模拟就会由于光能利用率的时空变化而产生较大的误差（Gower et al. ，1999；Turner et al. ，2002）。Zhang 等（2008）在研究冬小麦-夏玉米两熟种植区农田 GPP 时发现，MODIS GPP 产品（MOD17）因为没有将多熟种植作为一种单独的土地覆被类型考虑，忽视 C3、C4 作物的光合差异，严重低估了农田生态系统的生产力。

Yuan 等（2007）总结了几种常用光能利用率模型中最大光能利用率的取值情况，CASA 和 GLO-PEM 模型是对 NPP 的模拟，其余 5 个模型是对 GPP 的模拟。其中，CASA、C-Fix 和 EC-LUE 模型在模拟时采取将研究区统一设置为定值，由于 CASA 模型的输出结果为 NPP，不同于另外两个模型，所以无法进行最大光能利用率的直接比较，但有研究表明，CASA 模型将最大光能利用率设置为定值 0.389，明显低于我国的实际情况（彭少麟 等，2000；朱文泉 等，2006）。C-Fix 和 EC-LUE 模型同样用于 GPP 的模拟，但最大光能利用率的取值显著不同。其余 4 个模型分别对不同植被类型进行模拟，最大光能利用率的取值差异很大。可见，将光能利用率设置为定值是在区域尺度模拟结果不确定性产生的主要原因。

Garbulsky 等（2010）利用北美和欧洲通量网的观测数据分析了所涵盖的主要陆地生态系统最大光能利用率的变异特征。LUE 的计算基于 GPP 与 APAR 的比值。其中，左半部分表示的是年均 LUE，右半部分表示的 LUE_{max}。结果表明，无论是年均 LUE 还是 LUE_{max}，农田和草地都相对较高，分别为 0.6～1.0 g C MJ^{-1} 和 2.0～3.0 g C MJ^{-1}。在 LUE_{max} 的估算中，农田大于热带雨林，年均 LUE 估算中，热带雨林大于农田，但两者始终居于所有植被类型的前两位。森林生态系统年均 LUE 和 LUE_{max} 分别为 0.7～1.5 g C MJ^{-1} 和 1.3～2.3 g C MJ^{-1}，其中落叶林的年均 LUE 和 LUE_{max} 高于其他森林类型。苔原的 LUE_{max} 最小，但年均 LUE 却大于灌丛。从 LUE 的变异情况来看，草地的变异最为强烈。由于研究中各植被类型包含的样本数量不同，所得结果可能存在偏差。

Schwalm 等（2006）通过对加拿大 24 个通量站的研究表明，同一植被功能型的光能利用率是不聚敛的，因此，基于植被功能型确定的光能利用率参数是不适当的，特别是在短时间尺度的研究中。朱文泉等（2006）研究表明，植被的最大光能利用率不仅受植被类型的影响，而且也受到其空间分辨率和植被覆盖均匀程度的影响，并且在目前的科研水平下无法通过试验手段获得，只能通过模型模拟。LUE_{max} 与 EVI_{max} 和最小 $albedo_{visible}$ 的关系是进行 LUE_{max} 的空间化的一个可行方法（Wang et al. ，2010）。

（2）参考呼吸

自泰勒公式（Lloyd et al. ，1994）提出以来，广泛应用于不同生态系统类型的生态系统呼吸或土壤呼吸的模拟，其中包括森林、泥炭地、草地等不同生态系统类型，但这些研究都局限在站点尺度。泰勒公式共有三个主要变量，即参考呼吸、活化能参数及温度，其中参考呼吸是空间表达的重点和难点，是限制泰勒公式在空间尺度应用的最主要因素。但站点观测数据表明，在非干旱胁迫条件下，生态系统呼吸与植被生产力（Bahn et al. ，2008；Gomez-Casanovas et al.,2012)和温度(Lloyd et al.,1994;Reichstein et al.,2003;Bond-Lamberty et al.,2010)紧密相关。基于此关系构建的生态系统呼吸模型在站点尺度具有很好的模拟能力(Reichstein et al.,2003;Larsen et al.,2007;Migliavacca et al.,2011)。当前,基于遥感数据已实现总初级生产力在区域及全球尺度的高时空分辨率模拟(Yuan et al.,2007;Xiao et al.,2004;Gao et al.,2014),同时,地表温度可以应用来源于 MODIS 数据的 LST 来表示(Sims et al.,2008;Ueyama et al.,2010)。因此,生态系统呼吸与易于遥感观测的总初级生产力(或相关植被指数)、地表温度(LST)的相关关系可用于构建区域尺度生态系统呼吸模型。进一步研究表明,参考呼吸与易于遥感观测的总初级生产力或表征总初级生产力的植被指数及基于 MODIS 数据的 LST 紧密相关(Gao et al.,2015;Jägermeyr et al.,2014),可以实现参考呼吸的空间化表达。

2.5.2 农业多熟种植信息提取研究

农业多熟种植作为高强度农业土地利用的重要特征,是提高粮食产量的一个重要途径,对农田生态系统的水、碳、氮等物质循环以及地表能量平衡有重要的影响(闫慧敏 等,2005,2008)。农业种植制度不仅存在明显的区域差异,而且随着气候、人口、社会经济发展的快速变化和政策的调整其时空格局处于不断变化之中(Tao et al.,2003)。因此,掌握时空表述清晰的农业多熟种植和作物种植历(作物生长的始末期)信息是提高区域尺度农田生态系统生产力监测与模拟效果的重要环节(闫慧敏 等,2010)。

实地观测、生物气候模型和遥感技术是研究植被物候的三种可能方法(Fisher et al.,2007;Schaber et al.,2003;Soudani et al.,2008)。跨大区域的植被物候观测非常昂贵、耗时,并且操作者主观偏差会给观测带来很大的不确定性,因此,实地调查法推广到大区域是不可行的。生物气候模型通常针对特定物种且只在站点尺度上经过验证,此类模型很大程度上取决于作为驱动变量的植被图和完整一致的气候记录的有效性,也不能准确描述更大尺度上的植被物候空间特征。在范围较大且人迹罕至的区域使用遥感卫星进行采样具有成本低和时间重复性高等优势(Soudani et al.,2008),使用遥感数据来检测和估计能代表植被物候的变量,如生长季开始的日期(SGS)、生长季结束的日期(EGS)、生长季长度(LGS)等,已成为获取区域或全国尺度植被物候信息的一个重要途径。与自然植被相比,农田由于具有在生长季内顺序种植多种作物的潜力而呈现出更复杂的物候特征(Wu et al.,2010a)。

近年来,随着遥感和图像处理技术的进步,应用遥感数据监测并认识农业多熟种植制度也逐渐发展。从遥感数据源来看,中低空间分辨率的 NDVI 和 EVI 时间序列数据是目前的主要数据源。NOAA/AVHRR NDVI(空间分辨率 8 km)最先得到应用(Jönsso et al.,2004;闫慧敏 等,2005;Canisius et al.,2007;吴文斌 等,2009),该传感器从 1981 年投入使用,是 2010 年前获取过去农业种植变化的唯一数据来源。但是多熟种植农业系统本身的复杂性导致土地覆盖空间变异强烈,而空间分辨率为 8 km 的栅格数据每个像元记录的都是不同地表覆盖的混合光谱信息,混合像元问题会影响农业种植制度提取结果的精度。2000 年开始向全球免费发布数据的空间分辨率 250～1000 m 的 MODIS 数据已经成为当前植被物候检测的有力工具,MODIS 植被指数(NDVI、EVI、LSWI 等)时间序列数据可以用来描述植被的生长过程,被越来越多地用于作物物候遥感监测(Zhang et al.,2005,2008;Sakamoto et al.,2006;Galford et al.,2008),对区域尺度上多熟种植信息提取的精度较高。近年来,已有研究者利用MODIS植被指数时间序列影像,结合农业气象站点地面作物物候观测资料,监测作物多熟种植格局、识别农业种植历(作物生长的始末期),并将该数据应用于站点到区域尺度的农田生产力估算(Yan et al.,2009;闫慧敏 等,2010)。从农业种植信息的遥感提取方法来看,辜智慧(2003)利用经平滑去噪的SPOT/VGT多时相NDVI数据建立熟制标准曲线库,利用交叉拟合度检验法对逐个像元进行判断,提取了中国耕地复种指数。Canisius等(2007)利用傅里叶变换和决策树方法对亚洲区域的两熟作物分布进行了研究。左丽君等(2009)针对复种模式较简单的区域,通过分析比较农作物的种植历和时序EVI曲线,提取了反映作物种植模式的特征时相,并以特征时相的EVI值作为特征参量,建立提取耕地种植制度的决策树。峰值法简单易用,是目前农业种植模式遥感监测中应用最为广泛的方法(闫慧敏 等,2005,2008,2010;朱孝林 等,2008;吴岩 等,2008),所用到的遥感植被指数时间序列数据,需要采用合适的平滑方法进行去噪、拟合。面对中国种植制度复杂多变的现实,如何在全国范围用统一的方法客观、准确地识别作物的种植制度还是一项挑战性的工作。

2.5.3 多源遥感数据时空融合

随着遥感技术的快速发展,不同遥感平台的光学遥感及雷达遥感等相继发展起来。不同传感器具有不同的空间、时间和光谱分辨率特征,而单一数据源在时间、空间、光谱分辨率等方面存在一定的局限性,无法实现三者兼顾。影像融合技术可以将不同数据源的遥感数据的优势通过一定的手段结合,提高影像质量(邓书斌 等,2014)。当前,多源遥感数据融合可以分为两个方面,即光谱-空间融合和时间-空间融合。光谱-空间融合是指多光谱中空间分辨率影像与高空间分辨率影像的融合,获取同时具有多光谱高空间分辨率的特征的遥感影像(邓书斌 等,2014;李军 等,1999),该方法所得融合图像缺乏明确的物理意义,可以用于分类,但不适用于植被指数等定量信息的提取(张鹏,2014)。此处,我们重点介绍时间-空间融合方法。

当前时间-空间融合方法多采用混合像元线性分解的降尺度研究方法,该方法基于这样的假设:即混合像元反射率是由构成该像元的各端元反射率及其所占面积比例的线性组合(邬明权 等,2012)。当前,多源遥感数据时空融合技术已经取得很多研究成果,如由低空间分辨率的反射率数据推算高空间分辨率像元反射率的线性光谱混合模型方法(Fortin,1998),基于尺度下降理论的物理模型法和统计回归方法(Liu et al.,2008a,2008b)及应用于TM数据与MODIS数据融合的小波变换方法(Acerbi-Junior et al.,2006)等。植被光谱反射率特征的动态变化是监测植被生产力时空动态变化的必要条件(Hilker et al.,2009),Gao等(2006)提出了一种自适应遥感图像时空融合技术(Spatial and Temporal Adaptive Reflectance Fusion Model,STARFM),不仅考虑了距离和光谱相似性,还考虑了时间上的差异(Gao et al.,2006);进一步考虑像元反射率的时间变化特征的改进型自适应遥感图像时空融合技术(Enhanced Spatial and Temporal Adaptive Reflectance Fusion Model,ESTARFM),提高了STARFM方法在复杂地形条件下的融合精度(Zhu et al.,2007,2010)。ESTARFM方法最初用于 ETM+数据与 MOD09GA 数据绿波段、红波段、近红外波段的融合(Zhu et al.,2010),在地形条件复杂的地区相比于 STARFM 方法表现出更好的融合效果(邬明权 等,2014;Zhu et al.,2010)。NASA 支持的 LEDAPS(Landsat Ecosystem Disturbance Adaptive Processing System)项目(Zhang et al.,2008;苏伟 等,2014)及 WELD(Web Enabled Landsat Data)项目(Roy et al.,2010)可以提供北美地区基于 Landsat 数据的时序地表反射率数据,并且已得到广泛应用(Gitelson et al.,2012;Boschetti et al.,2015;Wolfe et al.,2004),但 LEDAPS、WELD 数据仅覆盖北美地区,其他地区利用中高分辨率时序植被指数数据的研究仍需依赖多源遥感数据时空融合技术(Hwang et al.,2011;Walker et al.,2012;Tian et al.,2013)。基于多源遥感数据时空融合方法可以获得高时空分辨率的时序植被指数数据,使高时空分辨率的植被生产力计算成为可能。

第3章　基于遥感的模型驱动数据获取

3.1　模型驱动数据的获取与处理

3.1.1　MODIS 植被指数数据

(1)MODIS 数据的获取

美国国家航空航天局(National Aeronautics and Space Administration，NASA)对MODIS采取免费接收的数据获取政策，免费提供多种原始数据和不同等级的数据处理产品。本书中使用的2000—2021年MODIS/Terra的500 m、8天合成的地表反射率产品(MOD9A1)来自于NASA的戈达德航天中心(Goddard Space Flight Center)数据网站(http://ladsweb.nascom.nasa.gov/)。MODIS陆地标准产品均采用TILE类型组织和发布，即以地球为参照系，采用Sinusoidal投影系统，对全球进行分片。横、纵坐标分别代表水平、垂直格网编号，一组横纵坐标编号对应唯一的一个tile，左上角的编号为(0,0)，右下角的编号为(35,17)。每个tile覆盖10个经度和10个纬度。本研究中我们使用覆盖中国陆地区域的21景影像，tile编号分别为：h23v03、h23v04、h23v05、h24v03、h24v04、h24v05、h25v03、h25v04、h25v05、h25v06、h26v03、h26v04、h26v05、h26v06、h27v04、h27v05、h27v06、h28v05、h28v06、h28v07、h29v06，每景影像一年共有46期，总计下载2000—2021年的共21×46×22景。

(2)MODIS 数据的预处理

在利用波段反射率数据计算植被指数之前需要对下载的数据进行预处理，处理过程主要包括影像镶嵌、投影转换、影像裁剪等。首先利用MODIS数据网站提供的MRT(MODIS Reprojection Tool)软件，通过批处理命令对一年中日期相同的21景影像进行镶嵌和投影转换，生成空间上覆盖全国的时间序列数据(一年46个)，然后在IDL＋ENVI软件平台下通过IDL批处理程序进行影像裁剪。经过预处理的数据大小为12976×7864像元，投影方式为等经纬度投影(Geographic Lat/Lon)，坐标系：WGS-84。

(3)植被指数的计算

增强型植被指数EVI在考虑红波段反射的同时，引入蓝波段调节残余的大气污染(如气溶胶)，土壤或冠层背景反射的影响(Huete et al.，2002)，计算公式为：

$$\mathrm{EVI}=G\times(\rho_{\mathrm{nir}}-\rho_{\mathrm{red}})/(\rho_{\mathrm{nir}}+(C_1\times\rho_{\mathrm{red}}-C_2\times\rho_{\mathrm{blue}})+L) \tag{3.1}$$

式中，$G=2.5$，$C_1=6$，$C_2=7.5$，$L=1$，ρ_{nir}、ρ_{red}、ρ_{blue} 分别表示近红外波段、红波段、蓝波段的反射率。

地表水分指数 LSWI 是描述植被含水量的指标之一（Xiao et al.，2005），它由近红外波段和对植被、土壤水分含量均敏感的短波红外波段计算得到（Ceccato et al.，2002；Xiao et al.，2004）：

$$LSWI=(\rho_{nir}-\rho_{swir})/(\rho_{nir}+\rho_{swir}) \tag{3.2}$$

式中，ρ_{nir} 和 ρ_{swir} 分别表示近红外波段和短波红外波段的反射率。

3.1.2　温度和光合有效辐射(PAR)数据

（1）温度数据

本书中运行模型所需的温度数据来源于中国气象局所属气象观测站点记录的 2000—2021 年逐日平均气温。由于 VPM 模型是逐像元估算的，需要栅格化地输入数据，因此，必须对站点数据进行插值处理，这里我们选择国内外广泛应用的空间异相关模型 ANUSPLIN（Price et al.，2000）。该插值模型具有输入数据灵活且不受站点数据量限制的优点，非常适合温度、降水等气象要素空间分布的拟合。模型的输入数据包括气象站点位置（经度和纬度）、高程或其他辅助数据以及要素值。本书基于空间分辨率为 90 m 的 DEM 栅格数据，使用 AUNSPLINE 气象插值软件对全国 600 多个气象站数据进行空间化插值，再逐 8 日平均，得到 2000—2021 年全国日均温栅格数据集（空间分辨率为 500 m、时间分辨率为 8 天）。

（2）光合有效辐射（PAR）数据

光合有效辐射数据来自于刘荣高研究团队，是利用 MODIS 1B 数据结合 MODIS 地表反射率产品和双向反射模型（BRDF model）参数产品，通过检索辐射传输模型计算出的查找表来反演得到的（Liu et al.，2008a），结果以 HDF 格式存储为 DailyDiffusePAR，DailyDirectPAR，DailyRadiationPAR 三个文件，空间分辨率为 1 km，时间分辨率为 16 天。为与遥感数据时空分辨率保持一致，我们将散射辐射中的光合有效辐射（DailyDiffusePAR）与直射辐射中的光合有效辐射（DailyDirectPARDaily）相加并乘以 8 得到 8 天合成的 PAR，并将其空间分辨率重采样为 500 m。

3.1.3　植被类型数据

本书所用的植被类型图是以基于 30 m 空间分辨率的 TM 影像开发的中国 1 km 土地利用数据（刘纪远 等，2011）为基础，得到 1：100 万植被图，1：100 万草地类型图以及农田多熟种植分布图。首先结合土地利用图和植被图将我国植被划分为常绿针叶林、落叶针叶林、常绿阔叶林、落叶阔叶林和混交林 5 类林地以及灌丛、草地、农田，将水体、城乡、工矿、居民用地及其他覆盖度较低的土地划为无植被；根据草地类型图从草地中进一步划分出高寒草原和高寒草甸两种主要的草地类型；基于农田熟制的空间分布将多熟种植农田作为一种单独的植被类型划分出来，中国植被类型见图 3.1。

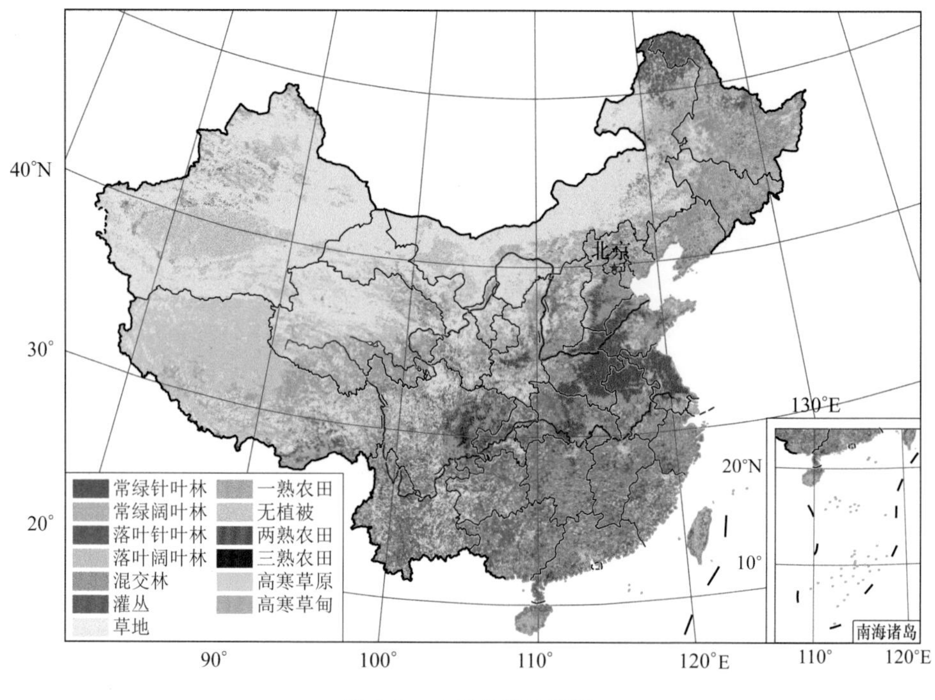

图 3.1　中国植被类型图

3.2　模型物候因子信息遥感提取

MODIS 植被指数时间序列数据能够较好地反映植被季节性和年际间变化(方修琦 等,2002),是监测和提取植被生理特征、物候特征的有力工具(Sakamoto et al.,2006;Zhang et al.,2006b)。本书中计算植被水分因子时需要用到生长季最大 LSWI($LSWI_{max}$),同时 $LSWI_{max}$ 出现的时间被用来表征叶片充分舒展的时间,用于物候因子计算公式的确定。特别对于多熟农田生态系统,首先要识别各季作物的生长期起止时间,再据此提取各季作物的 $LSWI_{max}$ 及 $LSWI_{max}$ 出现的时间。另外,在提取植被生长季信息过程中记录的各生长季 EVI 最大值(EVI_{max})及其出现的时间还被用于最大光能利用率 ε_0 的计算。因此,本节计算得到的 MODIS/EVI 和 MODIS/LSWI 时间序列数据提取全国植被生长季信息,步骤如下。

3.2.1　MODIS/EVI 时间序列曲线重建

经过严格的前期处理,MODIS 数据产品已经尽可能地减少了云雾、气溶胶、大气扰动等影响,体现了较好的观测值(Vermote et al.,1999)。但是在数据采集和处理过程中,不可避免地存在云、大气扰动、气溶胶、水汽、土壤背景等因素的干扰,以及太阳高度角、观测角度的影响，这些噪声使得 MODIS/EVI 时序曲线出现严重的锯齿状波动，不能反映植物真实的生长过程。因此，去除噪声构建平滑的时间剖面线是进行物候监测的必要步骤。

本研究采用时间序列谐波分析法（Harmonic Analysis of Time Series，HANTS）（Roerink et al.，2000）对 EVI 时间序列数据进行去噪重构。该方法的核心算法是最小二乘法和傅里叶变换。与常用的快速傅里叶变换（FFT）不同，它并没有要求时序图像是等时间间隔和没有云污染的，因此，HANTS 在频率和时间系列长度的选择上具有更大的灵活性。傅里叶变换是信号处理最基本也是最重要的工具，它把信号分解成不同频率的正弦波的叠加，其中低频信号（周期为 6 个月或 1 年）反映作物生长的主要物候规律，高频信号主要是由噪声引起的。基于傅里叶变换的“去噪”就是去除无意义的高频信号，然后根据研究所需的频率和振幅信息重新构建作物时间序列曲线。HANTS 方法的另一个优点就在于首先通过最小二乘法的迭代拟合逐步去除时序 EVI 值中的极高值和明显低于拟合值（受云污染影响较大）的点，生成逼近上边界点的光滑曲线，基于此曲线进行傅里叶变换，结果更加可靠（Roerink et al.，2000）。

时序 EVI 曲线可以认为是由基波和一系列谐波叠加而成的。对全年 46 期的 8 天合成 EVI 时序数据进行离散傅里叶变换可以得到 23 个频率分量，其中零频率分量是一个常量，与基波相对应，大小等于 EVI 曲线的均值；第一个频率分量与第一个谐波相对应，表示周期为 12 个月（36 旬）的季节性变化模式；第二个频率分量对应第二个谐波，表示周期为 6 个月（18 旬）的季节性变化模式；依此类推，每个频率分量都对应着一个谐波，表示一种周期的变化模式。同时，各个分量的信息量反映了各频率成分在整个信号中的相对重要性，信息量越大，该谐波的波形起伏越大，原信号中所体现出的该周期变化的模式也越明显。对全年只有一个生长季的植被，第一（均值）至第三频率分量（第二谐波）的累计信息量基本达到 95%（林地：96.52%，一熟作物：99.01%，草地：94.62%）；一年两熟作物第四个频率（第三谐波）分量含有 10% 的信息量。结合效率原则，我们在多次试验后发现，选择前 4 个谐波就可以较好地描述原始 EVI 曲线，并能够达到去噪平滑的效果。基于此，在 HANTS 软件中将“number of frequencies”设为 4。

对于自然植被，我们将经过 HANTS 变换重构的 EVI、LSWI 曲线的峰值作为生长季最大 LSWI 和最大 EVI，并记录它们出现的时间，用于最大光能利用率和植被水分、物候因子的计算，因此，本节重点介绍农田的熟制和作物种植历提取。

3.2.2　农田熟制提取

以植被类型分布数据为基础提取农田 EVI 时序曲线。经过 HANTS 重构的时序曲线显示，从作物播种到收获 EVI 会经历一个升高—峰值—降低的动态过程，一年两熟/三熟农田在一年内则会出现两个/三个这样的过程，可以通过检测 EVI 时序曲线的峰值数目来确定农田的熟制，具体做法是：根据 3 个连续时段时间窗的 EVI 时序曲线斜率，判断斜率由正值转变为负值（波峰）的次数，并记录转变出现的时间。由于 EVI 的短期波动导致检测得到的峰值数目往往高于实际的熟制值，还需根据作物的生长周期特点建立判别规则进行熟制的进一步确定，具体判别规则为：①峰值出现的最早可能时间＞7（8 天）；②峰值出现的最晚可能时间＜40（8

天)；③峰值的 EVI 最小值<35；④两季作物 EVI 峰值(抽穗期)的最小时间间隔<10(8 天)；⑤EVI 最大值和最小值的差值<35(闫慧敏 等,2005,2008,2010；Yan et al.,2013)。对于有多个峰值的像元来说,当其满足条件①～③时,每满足其中一个则将其峰值数目减 1,若 3 个同时满足则减 3,同时对应的峰值点将被认定为无效点；若满足条件④,则峰值数目同样减 1,取两个相邻峰值的平均值建立一个波峰；若满足条件⑤,在这种情况下,曲线波动范围较小,一般视为非作物曲线,极有可能是南方的常绿植被。

将经过 HANTS 平滑重构的 EVI 时间序列数据输入到 CROPSYS 程序的熟制模块中提取农田的熟制,同时输出各生长季 EVI 峰值的大小及其出现的时间。

3.2.3 作物种植历提取

在没有植被生长的季节(如各季作物出苗前和收获后)耕地土壤通常呈裸露状态或有作物秸秆覆盖,LSWI 值几乎都小于 0(Xiao et al.,2005),LSWI 小于 0 可以作为判断生长始末期的条件。在由 EVI 时间序列数据确定农业熟制的过程中,输出了各个生长季峰值出现的时间,因此,本研究由 LSWI 时间序列曲线所表现的季节性特征并结合由 EVI 时间序列曲线提取的作物熟制信息来识别作物播种时间和收获时间(闫慧敏 等,2010)。做法是:以每一季作物的 EVI 最大值出现的时间为时间起点,在 LSWI 时序曲线上向前/后搜索,记录最早搜索到的 LSWI<0 的发生时间 T_1/T_2,定义该季作物的生长始/末期为 T_1/T_2 的后/前一时间,即 T_1+8/T_2-8；若没有 LSWI<0 的点,则定义 LSWI 最小值出现的时间为生长始/末期。

利用 LSWI 时间序列数据,熟制和各季作物峰值出现的时间,在 CROPSYS 程序的种植历模块中提取全国范围的作物种植历(即各季作物的生长起始和停止时间),同时输出各生长季 LSWI 最大值及其出现时间。

第4章　CBD模型构建

4.1　模型原理

CBD(Carbon Budget Diagnose)模型是基于光能利用率模型理论与生态系统呼吸底物速率限制原理发展而来的基于遥感数据和通量观测数据的陆地生态系统生产力估算模型(图4.1)。GPP部分采用VPM模型的区域模式模拟(陈静清 等,2014),本研究发展了区域尺度基于遥感数据的生态系统呼吸模拟及净生态系统生产力模拟,并结合多源遥感数据融合技术进行高时空分辨率生产力模拟。

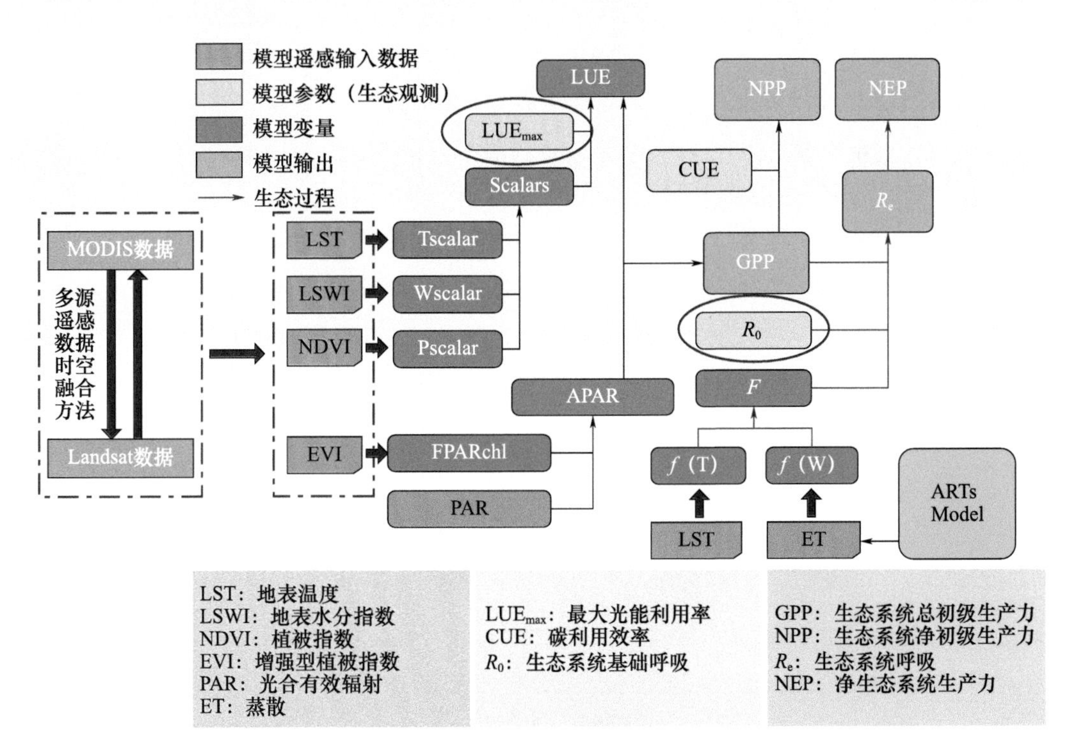

图4.1　CBD模型结构图

4.2 总初级生产力估算

GPP 部分基于 VPM 模型计算，VPM（Vegetation Photosynthesis Model）模型（Xiao et al.，2004）是一个由卫星遥感数据驱动进行生态系统生产力估算的光能利用率模型。Xiao 等（2004，2005）利用 SPOT-4 卫星的 VEGETATION（VGT）数据和 MODIS 数据基于 VPM 模型估算了常绿针叶林（Xiao et al.，2004）、落叶阔叶林（Xiao et al.，2004）、常绿阔叶林（Xiao et al.，2005）和高山草原（Li et al.，2007）的区域 GPP，和该区涡度相关塔观测的数据进行了比较，结果证明，该模型用来计算区域 GPP 有着很大的潜力。

（1）模型理论概念

从生物化学的角度来看，植被冠层是由叶绿素部分（chl）和包括冠层水平上的（如植物茎秆、枯萎叶片等）及叶片水平上的（如细胞壁、叶脉和其他色素等）非光合物质部分（Non-Photosynthetic Vegetation，NPV）组成，因此，冠层 FPAR（$FPAR_{canopy}$）应分成被植被观测中叶绿素吸收的部分和被非光合物质成分吸收的部分（Xiao et al.，2005）：

$$植被冠层 = chl + NPV \tag{4.1}$$

$$FPAR_{canopy} = FPAR_{chl} + FPAR_{NPV} \tag{4.2}$$

植物光合作用包括光反应过程和碳羧化过程，其中只有叶绿素吸收的光合有效辐射（$FPAR_{chl} \times PAR$）对光合作用有意义。应用辐射传输模型（PROSAIL2）和每日的 MODIS 数据（Zhang et al.，2005，2006a）对森林生态系统的研究结果说明，$FPAR_{canopy}$ 在统计学上显著大于 $FPAR_{chl}$，而且 $FPAR_{canopy}$ 和 $FPAR_{chl}$ 之间在整个植物生长季都存在显著的差异。

（2）模型结构（图 4.2）

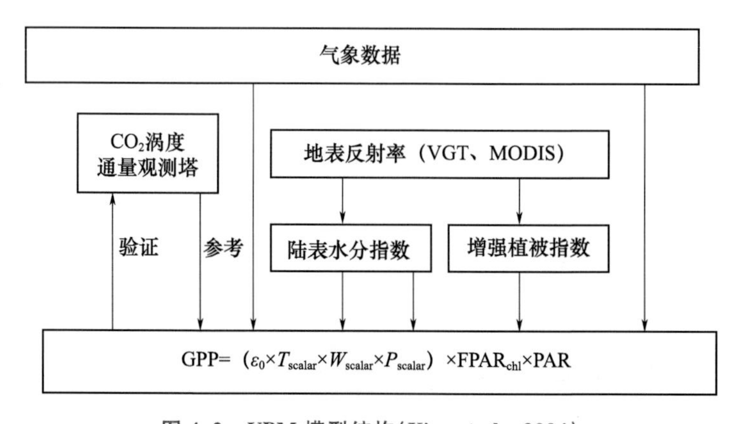

图 4.2 VPM 模型结构（Xiao et al.，2004）

基于叶片和冠层可以分为叶绿素部分和非光合物质部分这一概念，Xiao 等（2004）发展了估计植被光合作用期间 GPP 的 VPM（Vegetation Photosynthesis Model）模型，模型可以用下式简单表示：

$$GPP = \varepsilon_g \times FPAR_{chl} \times PAR \tag{4.3}$$

$$\varepsilon_g = \varepsilon_0 \times T_{scalar} \times W_{scalar} \times P_{scalar} \tag{4.4}$$

式中，PAR 是光合有效辐射（μmol Photosynthetic Photon Flux Density，PPFD），$FPAR_{chl}$ 表示被植被光合部分吸收的光合有效辐射比例，ε_g 表示光能利用率（μmol CO_2/μmol PPFD），ε_0 表示表观量子效率或最大光能利用率（μmol CO_2/μmol PPFD），T_{scalar}、W_{scalar} 和 P_{scalar} 分别表示温度、水分和叶物候期对最大光能利用率的调节系数。

（3）VPM 模型参数的确定

① 叶绿素光吸收（$FPAR_{chl}$）

植被冠层光合产物取决于叶片叶绿体所能吸收的光合有效辐射，而要准确估算 $FPAR_{chl}$，无论用辐射传输模型还是地面测量的方法都是一项难度很大的工作。在 VPM 中，$FPAR_{chl}$ 被近似用于 EVI 的线性函数来表达：

$$FPAR_{chl} = a \times EVI \tag{4.5}$$

式中：a 为经验系数，在目前的版本中取值为 1（Xiao et al.，2004）；EVI 表示增强型植被指数。

② 温度对 GPP 的影响（T_{scalar}）

T_{scalar} 的估算方法有很多种，在 VPM 模型中采用 TEM（Terrestrial Ecosystem Model）模型（Raich et al.，1991）的算法计算：

$$T_{scalar} = \frac{(T - T_{min})(T - T_{max})}{[(T - T_{min})(T - T_{max})] - (T - T_{opt})^2} \tag{4.6}$$

式中，T_{min}、T_{opt} 和 T_{max} 分别是植被进行光合作用时的最低、最适以及最高温度，T 为大气温度。如果空气温度低于最低光合温度，T_{scalar} 设为零，T_{min}，T_{max} 和 T_{opt} 的值根据不同的植被类型设定。

③ 水分对 GPP 的影响（W_{scalar}）

在一些植被光能利用率模型中水分对光合作用的影响（W_{scalar}）通常用饱和水汽压差和土壤湿度等一系列公式来表示（Field et al.，1995；Prince et al.，1995；Running et al.，2000）。新一代先进的光学传感器（如 VGT，MODIS）提供的 SWIR 和 NIR 波段的时间序列数据为在大空间尺度上用植被指数（Ceccato et al.，2002）和辐射传输模型（Zarco-Tejada et al.，2003）的方法定量估计冠层水分含量提供了数据基础。由短波红外和近红外波段计算得到的植被指数能够定量估算叶片或冠层当量水分含量（EWT，g m^{-2}）。

在 VPM 模型中，W_{scalar} 用对水分敏感的陆地表面水分指数 LSWI 进行计算，公式如下：

$$W_{scalar} = \frac{1 + LSWI}{1 + LSWI_{max}} \tag{4.7}$$

式中，$LSWI_{max}$ 为单个像元内植被生长季最大的 LSWI，LSWI 值从 −1 到 +1。

④ 叶片物候特征对 GPP 的影响（P_{scalar}）

叶龄影响植物光合能力和生态系统碳交换作用（Wilson et al.，2001），由 4 个 CO_2 通量站（农田、高草草原、落叶阔叶林和北方森林）对每天的光能利用率的比较研究表明，光能利用率模型需要考虑植被物候参数（Turner et al.，2003）。在 VPM 模型中，用 P_{scalar} 描述叶龄对冠层尺度上光合作用的影响。其计算方法取决于叶片寿命的长短（落叶 vs 常绿），对于叶片寿命为 1 年即经历出芽、舒展、枯萎和凋落过程的植被（如落叶林），P_{scalar} 分为叶片充分舒展前后两个阶段计算。

在出芽到叶片充分舒展阶段，

$$P_{scalar}=\frac{1+\mathrm{LSWI}}{2} \tag{4.8}$$

叶片充分舒展后，$P_{scalar}=1.0$。

常绿树木和灌丛常年有绿色冠层，其冠层包括不同时期开始生长的叶片，树叶可能保持几个生长季，因此，这样的冠层由不同叶龄的叶片组成。在一些生态系统过程模型中通常把常绿针叶林的叶周转速率作为常数(Aber et al.，1992；Law et al.，2000)，VPM 模型也据此将常绿针叶林的 P_{scalar} 假定为固定值 1.0(Xiao et al.，2004)。对于苔原、草地、农田(如小麦)等在植被整个生长季都有新叶发生、生长的植被，在 VPM 模型中 P_{scalar} 也设定为 1.0。

4.3 生态系统呼吸估算

生态系统呼吸是由一系列的呼吸组分所组成的，包括属于植物自养呼吸(R_a)的生长呼吸(R_g)和维持呼吸(R_m)，属于异养呼吸(R_h)的根际微生物呼吸(R_{rhi})、植物残体分解的微生物呼吸(R_{res})和土壤有机质(SOM)分解的微生物呼吸(R_{SOM})。生态系统呼吸是这些组分的总和(图 4.3)。

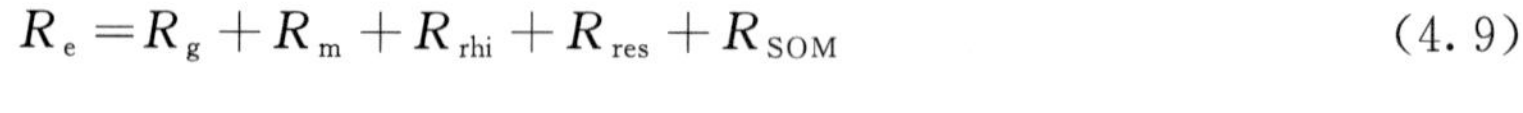

$$R_e=R_g+R_m+R_{rhi}+R_{res}+R_{SOM} \tag{4.9}$$

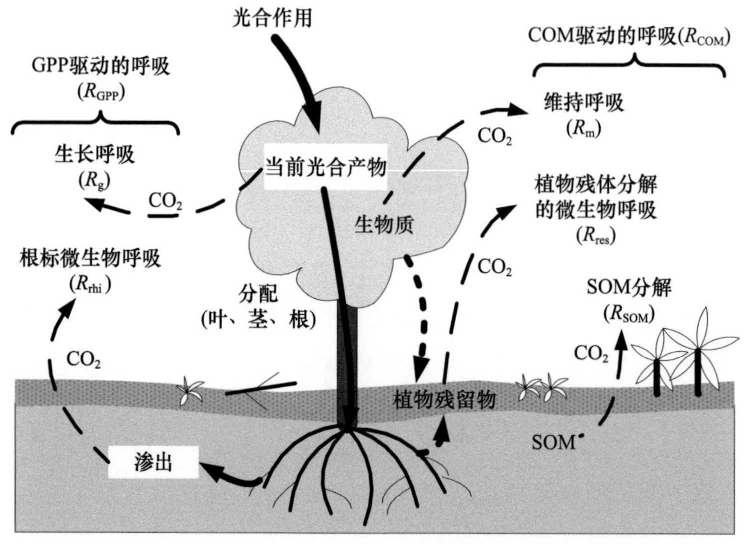

图 4.3 生态系统呼吸组分

大量研究表明，在非干旱胁迫的自然条件下，生态系统的植被生产力(Moyano et al.，2007，2008；Bahn et al.，2008；Gomez-Casanovas et al.，2012)和温度(Lloyd et al.，1994；Frank et al.，2002；Reichstein et al.，2003)是影响生态系统呼吸速率的两个主要因素。植物在进行光合作用的同时，不仅需要消耗一部分光合产物用于生长呼吸(R_g)，而且以很高的速率将部分光合产物以根的渗出液形式排放到根际土壤之中，为根际微生物呼吸(R_{rhi})提供呼吸底物并快速被根际微生物利用(Dilkes et al.,2004;Kuzyakov et al.,2010)。这两个呼吸组分的呼吸速率的季节变化均与GPP的季节变化紧密耦合(Piao et al.,2010;Kuzyakov et al.,2010;Mahecha et al.,2010)。如果将这两个呼吸组分定义为来源于GPP的呼吸(R_{GPP})，则可以认为R_{GPP}是GPP的线性函数F(GPP)。

而植物的维持呼吸(R_m,Amthor,2000;Kuzyakov et al.,2010;Chapin et al.,2002)，植物残体分解的微生物呼吸(R_{res},Waksman et al.,1931;Zhou et al.,2013)和土壤有机质分解的微生物呼吸(R_{SOM},Bader et al.,2007;Gaumont-Guay et al.,2008)具有相似的特性，其呼吸底物均为生态系统长期蓄积的有机物质，呼吸速率均与各自呼吸底物的数量和性质有关，同时随温度的变化而变化。如果我们认为这三个呼吸组分的过程机理、影响因素以及温度响应方面的微弱差异可以忽略，则可以将植被生物量、植被残体量和土壤有机质量的总和定义为生态系统有机质现存量(COM)，相应的呼吸组分定义为来源于COM的呼吸(R_{COM})，并应用温度(T)的响应函数$F(T)$来表征。

基于遥感手段估算生态系统呼吸很难区分不同呼吸类型，但研究表明，Lloyd-Taylor方程可以模拟出日尺度生态系统呼吸的季节变化(Lindroth et al.,2008)，公式为：

$$R_e = R_{ref} \times e^{E_0\left(\frac{1}{T_{ref}-T_0}-\frac{1}{T+273.15-T_0}\right)} \tag{4.10}$$

式中：R_{ref}为参考呼吸(g C m^{-2}d^{-1})；T表示温度(℃)；T_{ref}表示参考呼吸，设为15 ℃(288.15 K)；T_0表示呼吸作用的最低温度，为−16.02 ℃(227.13 K)；E_0是类似于活化能的参数(K)。基于以上的理论分析，在模型构建过程中我们假设生态系统参考呼吸可以视为来源于GPP的呼吸和来源于COM的呼吸两个组分：

$$R_{ref} = e^{(a\times GPP_{sum}+b\times LSTd_{mean}+c)} \tag{4.11}$$

4.4 净生态系统生产力估算

陆地生态系统光合作用固定的CO_2(GPP)与呼吸作用释放的CO_2(R_e)二者之间的较小差值为净生态系统生产力，其中向大气释放CO_2用负值表示，生态系统固定CO_2用正值表示，NEP可表征为：

$$NEP = GPP - R_e \tag{4.12}$$

可得NEP的模型表达式为：

$$NEP = \varepsilon_g \times FPAR_{chl} \times PAR - R_{ref} \times e^{E_0\left(\frac{1}{T_{ref}-T_0}-\frac{1}{T+273.15-T_0}\right)} \tag{4.13}$$

第 5 章　参数空间化

5.1　生态系统水平最大光能利用率 ε_0

各种生态系统类型 ε_0 值可由涡度通量塔站点观测到的 NEE 和 PAR(μmol $m^{-2}s^{-1}$ photosynthetic photon flux density)数据计算获得(Goulden et al.,1997)。为了估计不同植被类型在生态系统水平上的 ε_0 值,通常由植被生长最旺盛时期(7—8 月)内 10 天的数据用米氏方程(Michaelis-Menten function)计算求得。

有研究证明,ε_0 与 EVI_{max}(生长季最大 EVI)存在较强的正相关关系,见图 5.1(Wang et al.,2010)。本书从已发表文献中收集了多个站点利用 Michaelis-Menten 方程拟合的最大光能利用率,并与各站点所在栅格的生长季最大 EVI 进行拟合,确定了两者之间的关系,利用表 5.1 中提取的空间化的植被生长季 EVI_{max} 数据计算各栅格的 ε_0 值。

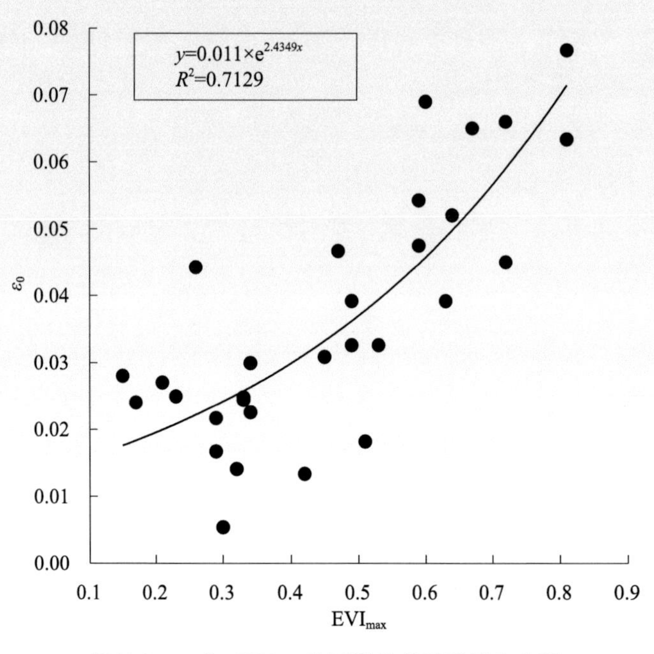

图 5.1　ε_0 和 EVI_{max} 的正相关关系及拟合方程

表 5.1 不同站点利用米氏方程拟合的 ε_0（μmol CO_2 μmol^{-1}（PAR））及站点所在栅格的 EVI_{max}

站点代码	植被类型	纬度	经度	拟合时间	ε_0	文献来源	EVI_{max}
DYK	常绿针叶林	38.53°N	110.25°E	2008年	0.0475	Wang et al.,2010	0.59
CW	落叶阔叶林	35.25°N	107.68°E	2008年	0.0326	Wang et al.,2010	0.53
MY	落叶阔叶林	40.63°N	117.32°E	2008年	0.0543	Wang et al.,2010	0.59
CBS	混交林	42.40°N	128.10°E	2004年	0.0520	Wu et al.,2009	0.64
CBS	混交林	42.40°N	128.10°E	2003年	0.0660	Wu et al.,2009	0.72
CBS	混交林	42.40°N	128.10°E	2005年	0.0690	Wu et al.,2009	0.6
CBS	混交林	42.40°N	128.10°E	2003年	0.045	Zhang et al.,2009	0.72
GCT	高寒灌丛	37.67°N	101.33°E	2004年7—8月	0.0015	Li et al.,2007	0.45
SD	高寒湿地	37.61°N	101.33°E	2004年7—8月	0.0014	Li et al.,2007	0.54
BT	高寒草甸	37.61°N	101.31°E	2004年7—8月	0.0016	Li et al.,2007	0.52
NMG	温带半干旱草原	43.55°N	116.68°E	2003年5—9月	0.0167	伍卫星 等,2008	0.29
NMG	温带半干旱草原	43.55°N	116.68°E	2004年5—9月	0.0248	伍卫星 等,2008	0.33
NMG	温带半干旱草原	43.55°N	116.68°E	2005年5—9月	0.0054	伍卫星 等,2008	0.3
YZ	典型草原	35.95°N	104.13°E	2008年	0.0249	Wang et al.,2010	0.23
DW	典型草原	45.56°N	117.00°E	2006年5—9月	0.0299	Liu et al.,2011	0.34
DW	典型草原	45.56°N	117.00°E	2007年5—9月	0.0226	Liu et al.,2011	0.34
DS	荒漠草原	44.08°N	113.57°E	2008年	0.0141	Wang et al.,2010	0.32
NM	荒漠草原	42.93°N	120.70°E	2008年	0.0182	Wang et al.,2010	0.51
ZY	草原荒漠	39.08°N	100.27°E	2008年	0.0133	Wang et al.,2010	0.42
TYG	退化的草甸草原	44.57°N	122.92°E	2008年	0.0392	Wang et al.,2010	0.49
TY	退化的草甸草原	44.59°N	122.52°E	2005年7—9月	0.0308	Wang et al.,2013	0.45
AR	亚高山草甸草原	38.05°N	100.47°E	2008年	0.0392	Wang et al.,2010	0.63
DX	高寒草甸	30.42°N	91.08°E	2003年7—10月	0.0244	徐玲玲 等,2004	0.33
DX	高寒草甸	30.85°N	91.08°E	2003年	0.027	Fu et al.,2010	0.21
DX	高寒草甸	30.85°N	91.08°E	2004年	0.028	Fu et al.,2010	0.15
DX	高寒草甸	30.85°N	91.08°E	2005年	0.024	Fu et al.,2010	0.17
DX	农田(小麦)	35.55°N	104.60°E	2008年	0.0217	Wang et al.,2010	0.29
JZ	农田(玉米)	41.15°N	121.20°E	2008年	0.0650	Wang et al.,2010	0.67
YK	农田(玉米)	38.85°N	100.25°E	2008年	0.0443	Wang et al.,2010	0.26
TYC	农田(向日葵)	44.58°N	122.87°E	2008年	0.0326	Wang et al.,2010	0.49
YC	小麦	36.95°N	116.6°E	2004年	0.076	Yan et al.,2009	0.47
YC	玉米	36.95°N	116.6°E	2004年	0.092	Yan et al.,2009	0.81
TY	玉米	44.57°N	122.92°E	2005年7—9月	0.0467	Wang et al.,2010	0.47

注：最大光能利用率 ε_0（μmol CO_2 μmol^{-1}PAR）均采用米氏方程拟合得到。

为与其他同类模型的最大光能利用率进行对比，本书利用 EVI_{max} 计算得到的最大光能利用率按生态系统类型数据进行统计，得到各生态系统的平均值（本研究-ε_0），同时收集了以往研究中利用通量观测数据经米氏方程拟合得到的中国区域各生态系统类型最大光能利用率（文献-ε_0），以及 MOD17 算法查找表中相应生态系统类型的最大光能利用率（MOD17-ε_0）。通过比较发现：本书估算的 ε_0 在各生态系统上的平均值普遍高于 MOD17-ε_0，其中在农田、落叶阔叶林和灌丛上远高于后者，而在草地生态系统上略低于后者，在落叶针叶林上两者相差很小；估算结果较 MOD17-ε_0 更接近通量观测的值（图 5.2）。

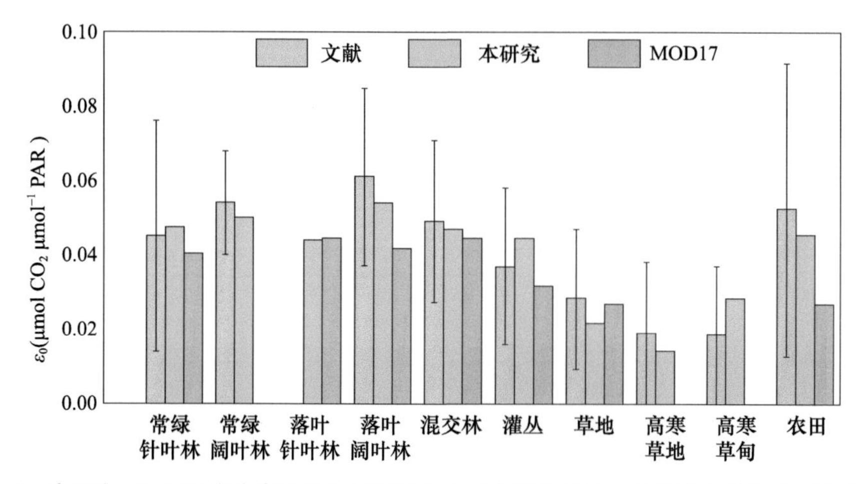

图 5.2　本研究、MOD17 查找表以及文献资料中中国主要陆地生态系统最大光能利用率的比较

注：文献中的最大光能利用率均为通量数据采取米氏方程进行表观量子拟合得到的，资料来自 Xiao et al.，2004，2005；Wang et al.，2010；Wu et al.，2009；Zhang et al.，2009；Li et al.，2007；伍卫星 等，2008；Liu et al.，2011；Yan et al.，2009；朱旭东，2010。文献资料中未找到落叶针叶林的最大光能利用率，MOD17 算法查找表中缺乏常绿阔叶林、高寒草地和高寒草甸的最大光能利用率。

5.2　生态系统呼吸模拟

（1）参数空间化

选取全球通量观测站点中数据缺失少于 20% 的站点（年），共计 351 个站点（年）满足要求，基于通量观测数据采用非线性最小二乘法（nonlinear least squares）的信赖域反射（trust-region-reflective）（Coleman et al.，1996）算法反演得到每个站点（年）的参考呼吸（R_{ref}），全球通量观测站点分布见图 5.3。

对计算所得站点（年）R_{ref} 与遥感数据、观测数据进行拟合分析，结果显示：在农田、草地、常绿阔叶林站点，参考呼吸与年 GPP 总量（GPP_{sum}）显著正相关，决定系数均在 0.5 以上，与 LST 日温的年均值（$LSTd_{mean}$）显著负相关，决定系数均在 −0.5 以上；在落叶阔叶林及常绿针叶林站点，两者的相关性较弱；同时考虑农田、草地、常绿阔叶林、混交林（用 Sites1 表示），R_{ref} 与 GPP_{sum} 及 $LSTd_{mean}$ 的决定系数分别为 0.56、−0.56；同时考虑农田、草地、常绿阔叶林、混交林、落叶阔叶林、常绿针叶林(用 Sites2 表示)，R_{ref} 与 GPP_{sum} 及 $LSTd_{mean}$ 的决定系数分别为 0.32、−0.32(图 5.4)。

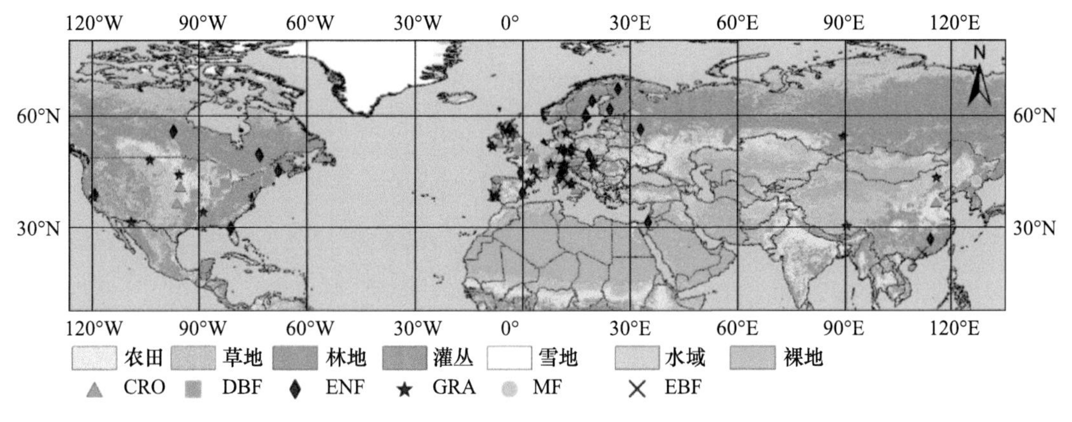

图 5.3　全球通量观测站点分布

参考呼吸与 GPP_{sum} 及 $LSTd_{mean}$ 具有良好的相关性，因此，本书采用 GPP_{sum} 及 $LSTd_{mean}$ 构建 R_{ref} 的拟合方程：

$$R_{ref} = e^{(a \times GPP_{sum} + b \times LSTd_{mean} + c)} \tag{5.1}$$

式中，R_{ref} 为参考呼吸(g C m^{-2} $(8d)^{-1}$)，GPP_{sum} 为年总初级生产力(kg C $m^{-2}a^{-1}$)，$LSTd_{mean}$ 为 LST 日间温度的年均值(℃)，a、b、c 为待拟合参数。

生态系统类型	R_{ref} 与 GPP_{sum} 的相关性	R_{ref} 与 $LSTd_{mean}$ 的相关性
农田		
草地		

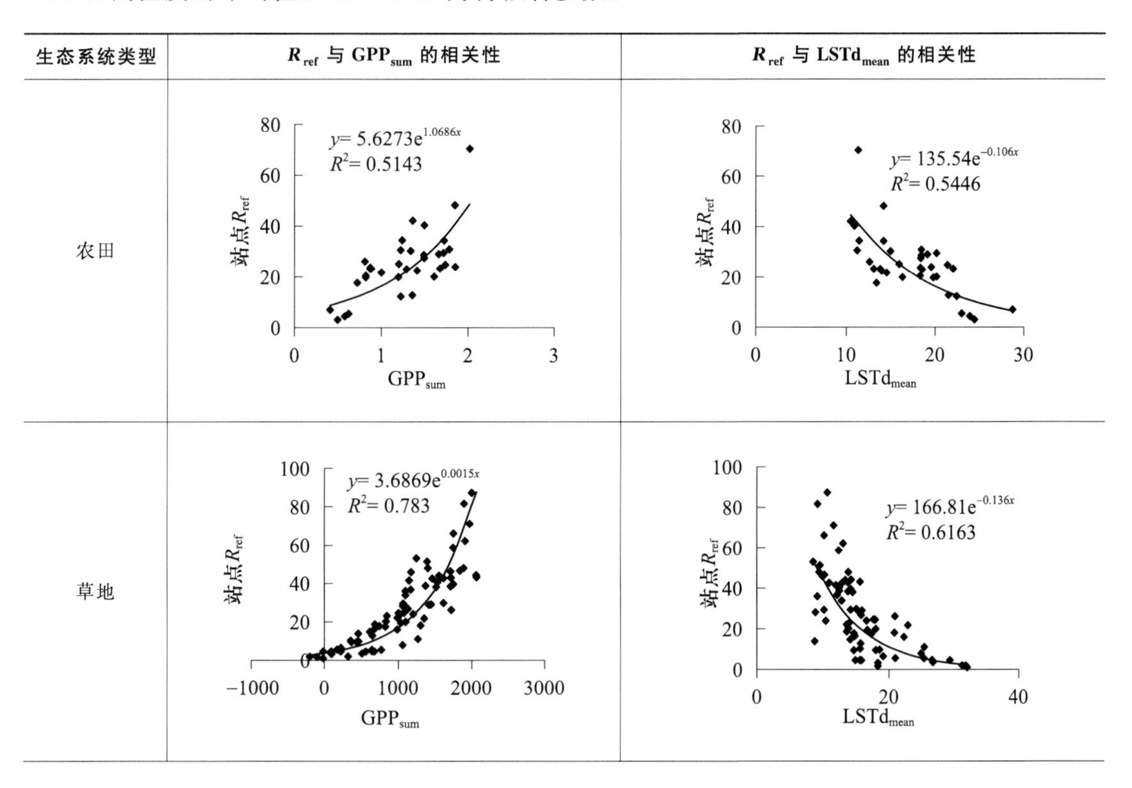

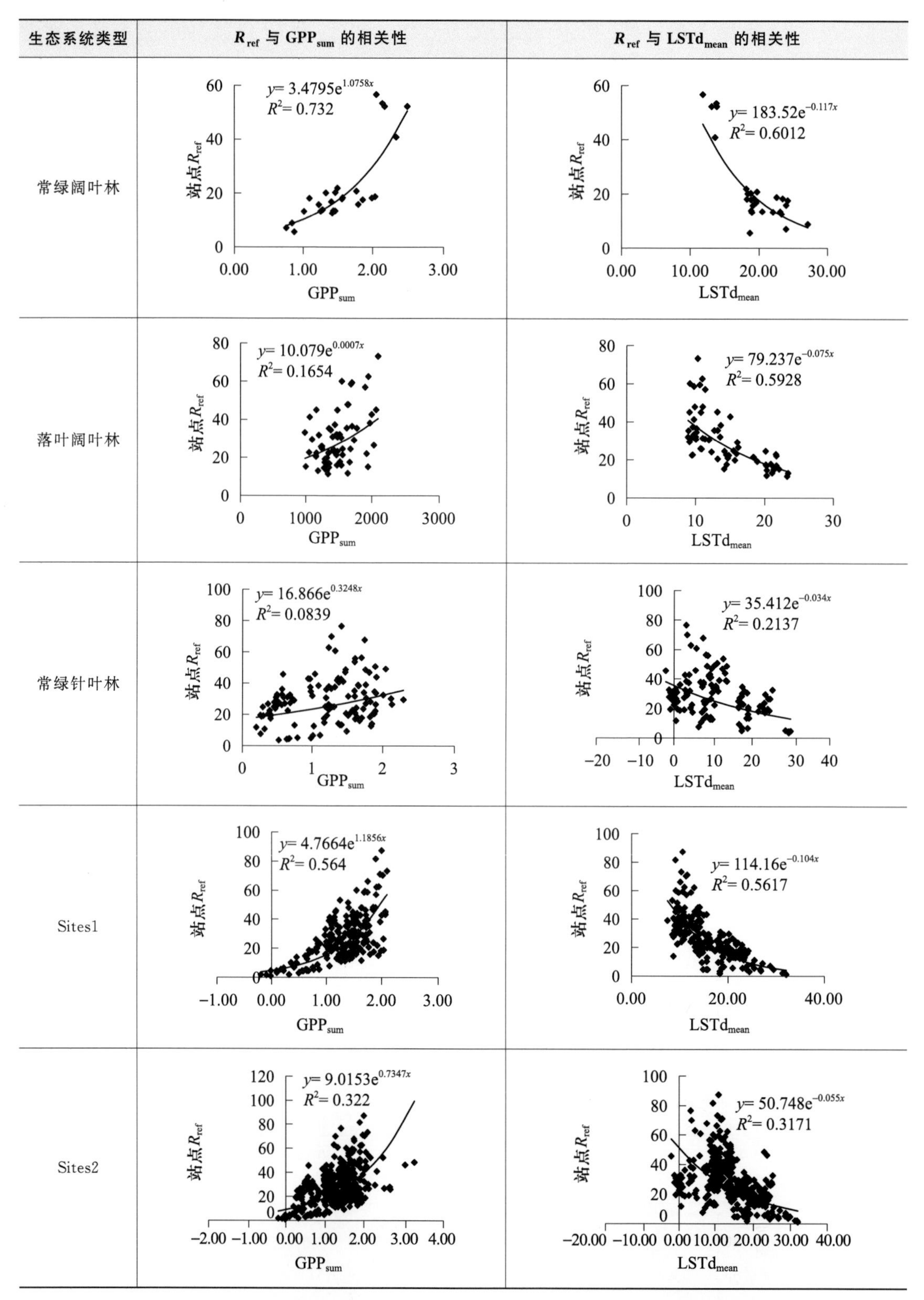

图 5.4　不同生态系统 R_{ref} 与 GPP_{sum} (kg C m^{-2} a^{-1}) 及 $LSTd_{mean}$ (℃) 的相关性

(Sites1:包含 CRO、GRA、EBF、MF,不包含 ENF、DBF;Sites2:包含 CRO、GRA、DBF、EBF、MF、ENF)

同时利用 GPP_{sum} 及 $LSTd_{mean}$ 拟合 R_{ref} 与站点 R_{ref} 相比，农田、草地、常绿阔叶林的决定系数均在 0.9 以上，落叶阔叶林的决定系数为 0.80，常绿针叶林的决定系数仅为 0.58，相关性较低；同时计算所有生态系统类型站点(Sites2)的决定系数为 0.72，除常绿针叶林外所有站点(Site1)的决定系数为 0.84(表 5.2)。

表 5.2 不同植被类型 GPP_{sum}、$LSTd_{mean}$ 与 R_{ref} 的决定系数

	CRO	GRA	DBF	EBF	ENF	Sites1	Sites2
R	0.90	0.92	0.80	0.90	0.58	0.84	0.72

注：MF 站点较少，因此没有单独考虑，包含在 Sites1、Sites2 中；Sites1：包含 CRO、GRA、EBF、MF，不包含 ENF、DBF；Sites2：包含 CRO、GRA、DBF、EBF、MF、ENF。

落叶阔叶林与 GPP_{sum} 的相关性较低，主要是因为落叶阔叶林广泛分布在北半球中纬度地区，温度是各生理生态过程的主要限制因素(Jägermeyr et al.，2014)。常绿针叶林在北美、欧洲及中国地区分布广泛，纬度跨度大(26°N—68°N)，生态环境十分复杂，不同站点的温度、降雨量、土壤水分、太阳辐射甚至植被类型等都有很大差异，因此，单纯依靠温度和生产力很难找到其规律，具体原因还有待于进一步研究(图 5.5)。

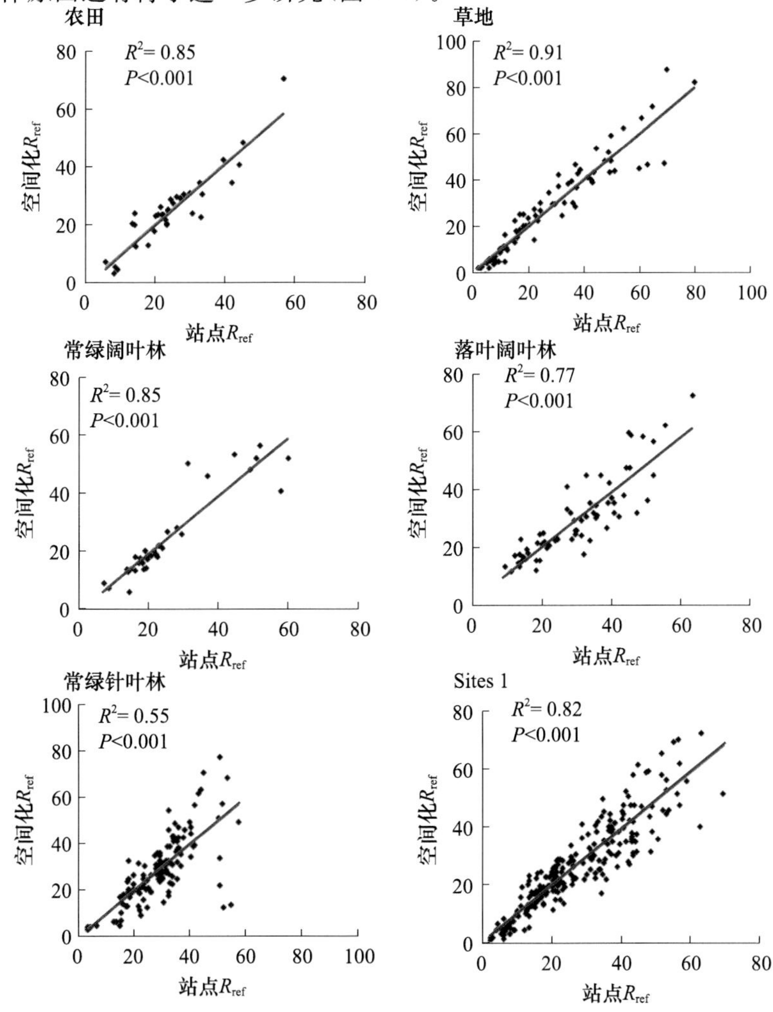

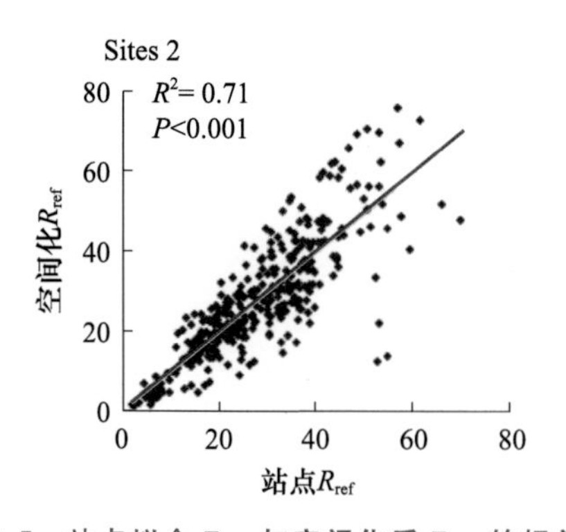

图 5.5　站点拟合 R_{ref} 与空间化后 R_{ref} 的相关性

(Sites1:包含 CRO、GRA、EBF、MF,不包含 ENF、DBF;Sites2:包含 CRO、GRA、DBF、EBF、MF、ENF)

(2)R_{ref} 空间尺度验证

基于通量观测数据利用 5-K 交叉验证方法,对各生态系统 R_{ref} 进行计算和验证,5-K 交叉验证每一循环有 80%的站点进行参数计算,另外 20%的站点用于参数验证,每一个站点都进行了一次验证且参数计算的站点不会用于参数验证。结果表明:空间化 R_{ref} 与站点拟合 R_{ref} 相比,在农田站点决定系数为 0.85;草地站点决定系数为 0.92;常绿阔叶林站点决定系数为 0.91;落叶阔叶林站点决定系数为 0.85;常绿针叶林站点决定系数为 0.55;Site1 决定系数为 0.82;Site2 决定系数为 0.71,同时,P 值均小于 0.001。说明引入常绿针叶林站点会在一定程度上降低 R_{ref} 的模拟精度,但仍保持较高的相关性;单独对各生态系统的 R_{ref} 进行模拟优于各生态系统类型共同模拟的结果,但后者消除了土地利用类型划分带来的不确定性,在区域尺度模拟时具有一定优势。

R_{ref} 是泰勒公式的参考呼吸,是区分不同站点之间时空差异的重要参数。研究表明,在非干旱胁迫条件下,植被生产力(Gomez-Casanovas et al.,2012;Bahn et al.,2008)和温度(Lloyd et al.,1994;Reichstein et al.,2003;Frank et al.,2002)是影响生态系统呼吸速率的两个主要因素。尽管有研究表明,GPP 与根际微生物呼吸之间存在滞后现象(Moyano et al.,2008;Knohl et al.,2005;Kuzyakov et al.,2010),但本书采用 8 天的时间分辨率,远大于滞后时间,因此,滞后现象对本研究的影响很小(Gao et al.,2015),说明可以采用 GPP 进行参数呼吸模拟。MODISLST 与地面空气温度紧密相关(R^2=0.93),LSTd 虽然受到光暗影响,限制了对地表温度的预测能力(Sims et al.,2008;Wan,2008),但对地表情况具有更高的敏感性(Jägermeyr et al.,2014)。LST 不仅可以表现出地表温度变化,而且受到水汽压差(Vapor Pressure Defictie,VPD)的影响,可以更好地表现出生态系统特征(Jägermeyr et al.,2014),例如,在干旱期气孔导度降低即 VPD 升高,同时植被土地覆被减少,可以导致 LST_Day 升高(Sims et al.,2008;Hashimoto et al.,2008),因此,可以用 LST 来表示温度和水分对生态系统呼吸的影响。

R_{ref} 与 $LSTd_{mean}$ 呈反比例相关,主要有两个原因:①不同站点温度对物候的影响是不同的,年平均温度较低的站点温度对植被生长季的呼吸影响更大,而年平均温度较高的站点基础呼吸较高,降低了温度的影响。②随着年均温的升高,呼吸的温度敏感性逐渐降低(Jägermeyr et al.,2014)。根据经纬度研究各站点的参考呼吸,发现随着纬度升高,站点的参考呼吸也呈现上升趋势($R^2=0.45$,slope=0.2771,$P<0.001$)。另外,Q_{10} 指数方程利用常数 Q_{10} 表示呼吸的时空变化(Black et al.,1996),具有温度适应性,在短时间内不同生态系统类型的温度敏感性十分相近(Yvon-Durocher et al.,2012),但随着温度上升,Q_{10} 逐渐降低,进一步说明呼吸速率可能随温度的上升而下降(图5.6)。

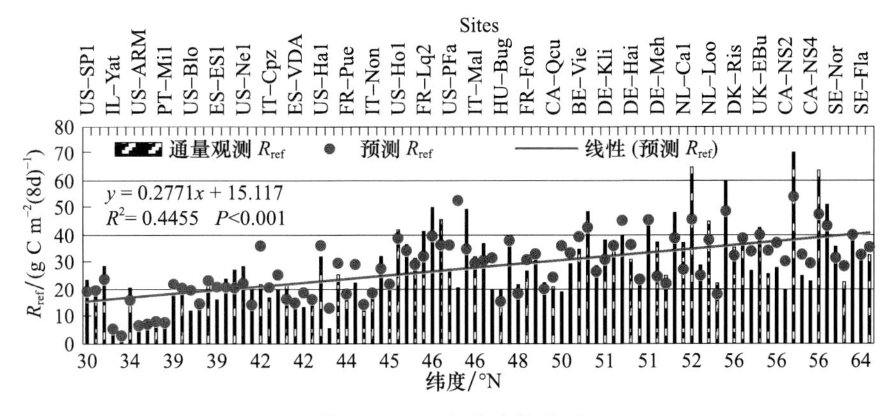

图5.6　R_{ref} 与纬度的关系

5.3　最大、最小和最适光合作用温度

用来估计温度调节因子 T_{scalar} 的 T_{min},T_{max} 和 T_{opt} 也被称作绿色植物进行光合作用的"三基点"温度。本书中"三基点"温度值来源于相关参考文献。在ArcGIS平台下,我们将每种植被类型的 T_{min},T_{max} 和 T_{opt} 根据表5.3分别设为定值,得到空间化的最小、最大和最适光合作用温度。

表5.3　不同植被类型VPM模型的 T_{min}、T_{max} 和 T_{opt} 值

植被类型	T_{min}/℃	T_{max}/℃	T_{opt}/℃	参考文献
常绿针叶林	0	40	20	Xiao et al.,2004
常绿阔叶林	2	48	28	Xiao et al.,2005
落叶针叶林	−10	35	25	—
落叶阔叶林	−1	40	20	Xiao et al.,2004
混交林	0	35	20	Wu et al.,2009
灌木	0	35	20	Li et al.,2007
农田(C4作物)	0	45	23	Yan et al.,2009
农田(C3作物)	−3	42	16	Yan et al.,2009
草地	6	21	17	伍卫星 等,2008
高寒草原	0	35	20	Li et al.,2007
高寒草甸	0	35	20	Li et al.,2007

第6章　中国陆地生态系统碳通量验证

6.1　通量观测站点

中国陆地生态系统通量观测研究网络(ChinaFLUX)创建于2002年,各台站采用统一设备、观测项目和观测方法,是国际通量观测网络(FLUXNET)的重要组成部分(于贵瑞 等,2006)。本书选取ChinaFLUX具有长期通量观测数据的植被类型对模拟结果进行验证,包括长白山温带红松针阔叶混交林(CBS)、千烟洲亚热带常绿针叶林(QYZ)、鼎湖山南亚热带常绿阔叶林(DHS)、内蒙古羊草草原(NM)、海北金露梅灌丛草甸(HBGC)和当雄草原化嵩草草甸(DX)。下面就各植被类型的地理位置、气候、土壤和植被信息进行具体介绍。

6.1.1　长白山温带红松针阔叶混交林

(1)地理位置

长白山温带红松针阔叶混交林通量观测站位于吉林省延边朝鲜族自治州安图县二道白河镇。该站地处长白山自然保护区内,海拔高度738 m,依托单位是中国科学院沈阳应用生态研究所。该站代表了中国温带红松针阔叶混交林生态类型。

(2)气象特征

长白山站属受季风影响的温带大陆性气候,具有显著的中纬度山地气候特征,春季干旱多风,夏季炎热多雨,冬季干燥寒冷,年平均气温3.6 ℃,年平均降水量713 mm,主要集中在6—8月,全年日照时数为2271～2503 h,无霜期为109～141 d。

(3)植被与土壤特征

长白山的植被具有典型的垂直地带性,是我国自然生态系统保存最完整的地区之一,是拥有大量物种资源的生物基因库。通量塔下垫面植被为阔叶红松林,为典型的地带性植被,主要建群树种有红松、椴树、蒙古栎、水曲柳、色木等,平均树高26 m。冠下植被高度为0.5～2 m。土壤为山地暗棕色森林土。表层有机质含量10%左右,氮含量0.3%左右,C/N在20左右。粘粒含量31%。

6.1.2　千烟洲亚热带常绿针叶林

(1)地理位置

千烟洲人工林通量观测站位于中国生态系统研究网络(CERN)的千烟洲红壤丘陵农业综

合开发实验站内，微气象观测塔建于 2002 年 8 月。站点下垫面坡度为 2.8°～13.5°，塔四周的森林覆盖率在 90%以上。

(2)气象特征

千烟洲实验站具有典型的亚热带季风气候特征，根据 1985—2002 年该站地面气象观测数据统计，站区年平均气温 17.9 ℃，平均年降水量 1542.4 mm，年蒸发量 1110.3 mm，年均相对湿度 84%。

(3)植被与土壤特征

实验站现有林分大多是 1985 年前后营造的人工针叶林，主要树种有马尾松(*Pinus massoniana* Lamb)、湿地松(*Pinus elliottii* Engelm)、杉木(*Cunninghamia lanceolata* Hook)以及木荷(*Schima crenata* Korthals)、柑橘(*Citrus* L.)等，常绿植被覆盖面积占土地总面积的 76%。

6.1.3　鼎湖山南亚热带常绿阔叶林

(1)地理位置

鼎湖山南亚热带常绿阔叶林通量观测站设置在 CERN 鼎湖山森林生态系统定位站内，地处低山丘陵，位于广东省肇庆市鼎湖山保护区内。

(2)气象特征

该站点属南亚热带季风湿润气候，年均气温 20.9 ℃，7 月平均气温为 28.1 ℃，1 月为 12.0 ℃，极端最低气温－0.2 ℃，偶有短暂霜冻，年均降水量 1956 mm，年均相对湿度 82%。干湿季节明显，4—9 月为雨季，10 月至次年 3 月为旱季。

(3)植被与土壤特征

鼎湖山的植被为南亚热带典型的常绿阔叶林，是北回归线附近保存完好的南亚热带地带性植被。植物种类繁多，亚热带植物类型为优势种，热带植物类型也有较多分布。植被类型多样，可分为季风常绿阔叶林、山地常绿阔叶林、针叶阔叶混交林、针叶林、沟谷雨林、常绿灌丛和山地灌木草丛等不同类型。季风常绿阔叶林分布在保护区的核心区，面积 125 hm^2，保存较完好，已有 400 多年的保护历史，是南亚热带代表性的森林类型。季风常绿阔叶林为锥栗(*Castanopis chinensis*)、荷木(*Schim asuperba*)、厚壳桂(*Cryptocarya chnensis*)群落。林冠重叠、稠密，种类丰富，结构复杂，垂直结构可分为 6 层，即乔木 3 个亚层，幼树灌木层、草本苗木层、层间植物层。季风常绿阔叶林样地的母岩为沙页岩。土壤为赤红壤，土层深 60～90 cm，表层有机制含量为 2.94%～4.27%。

6.1.4　内蒙古羊草草原

(1)地理位置

锡林郭勒温性典型草原通量观测站位于内蒙古自治区锡林郭勒盟白音锡勒牧场中国科学院内蒙古草原生态系统定位研究站长期围封的羊草样地，海拔约 1200 m，属于中国生态系统研究网络(CERN)及中国科学院内蒙古草原生态系统定位研究站。该站代表了内蒙古温性典型草原中羊草草原生态类型。

(2)气象特征

该研究区地处北半球中纬度接近内陆地区,属于大陆性温带半干旱草原气候,冬春寒冷干燥,夏秋温暖湿润。年日照时数平均为2617.54 h,日照充足,但不同年份间变化很大。多年平均气温约为0.9 ℃,一年中最冷月和最热月分别为1月和7月,气温年较差和日较差大,全年无霜期约100天。年均降水量为338 mm,主要集中在5—9月,大约占全年降水量的89%,但降水量的季节和年际变化非常大。年蒸发量为1600～1800 mm。冬春降雪,积雪期长,可达200天以上,一般10月下旬到次年5月中旬为积雪期。此外,研究区气候受季风影响,具有明显的雨热同期特征。

(3)植被与土壤特征

研究区建群种为羊草、优势种为冰草(*Agropyron cristatum*)、大针茅(*Stipa grandis*)、糙隐子草(*Cleistogenes squarrosa*)和寸草苔(*Carex duriuscula*)。群落高度为50～60 cm,盖度为30%～40%,多雨年份可达60%～70%,植物生长期约为150天。研究区内土壤为玄武岩残坡积母质上发育的暗栗钙土,其容重为1.09～1.35 g cm^{-3},总孔隙度变化为48%～58%,其中主要是毛管孔隙,变化为38%～42%。田间持水量和萎蔫系数变化分别为18%～26%和5%～7%。pH值变化为7.22～8.75,属于碱性-强碱性土壤,一般来说,表层较低,下部土层较高。

6.1.5 当雄草原化嵩草草甸

(1)地理位置

当雄高寒草甸碳通量观测站位于西藏当雄县草原站,海拔295.7 m。该站依托中国科学院地理科学与资源研究所。该站代表了藏北高原中部地区高寒草甸向高寒草原过渡的草原化草甸类型。

(2)气象特征

当雄站气候属于高原季风气候,年均温1.3 ℃,最冷月1月最低平均气温－10.4 ℃,最热月7月10.7 ℃。多年平均降水量450 mm,其中85%分布在生长季6—8月。年太阳总辐射7527.6 MJ m^{-2},光合有效辐射3213.3 MJ m^{-2}。

(3)植被与土壤

站区属于高寒草甸区,优势植被为以高山嵩草(*Kobresia pygmaea* C. B.)、丝颖针茅(*Stipa capillacea* Keng)、窄叶苔草(*Carex montis-everestii* Kükenth)为优势种的草原化草甸,伴生其他莎草、禾草和杂类草。草地盖度50%～80%。土壤为高山草甸土,土壤厚度一般为0.3～0.5 m。土壤有机质和全氮含量分别为0.9%～2.79% 和 0.05%～0.19%。

6.1.6 海北金露梅灌丛草甸

(1)地理位置

海北高寒草甸生态系统通量观测站(海北站)位于青藏高原东北隅祁连山北支冷龙岭东段南麓,海拔3190 m,依托单位为中国科学院西北高原生物研究所。站区建有通量塔3座,分别为高寒矮嵩草草甸(海拔 3216 m)、高寒金露梅灌丛草甸(海拔 3358 m)和高寒藏嵩草+帕米尔苔草沼泽化草甸(海拔 3357 m)。该站代表了青藏高原东北部典型高寒草地生态类型。

(2)气象特征

海北站位于亚洲大陆腹地,具有明显的高原大陆性气候,东南季风微弱。受高海拔条件制约,气温极低,无明显四季之分,仅冷暖季之别,干湿季分明。年平均气温-1.2 ℃,最热月(7月)平均气温 10.4 ℃,最冷月(1月)平均气温-14.4 ℃,极端最高气温 27.6 ℃,极端最低气温-37.1 ℃。日均气温≥0 ℃的积温为 1104.4 ℃ d,无霜期 20 天。年均降水量 535.2 mm,植物生长期的暖季(5—9月)降水量 437.5 mm,占年降水量的 82%,非生长季的冷季(10月—翌年4月)降水量 97.7 mm。年日照时数达 2451.7 h,日照百分率为 55%。太阳总辐射达 6348.5 MJ m^{-2}。

(3)植被与土壤

以矮嵩草(*Kobresia humilis*)为建群种的高寒矮嵩草草甸植被类型主要分布在土壤湿度适中的平缓滩地和山地半阳坡区域,主要优势种及伴生种有垂穗披碱草(*Elymus nutans*)、异针茅(*Stipaaliena*)、麻花艽(*Gen tiana straminea*)、甘肃棘豆(*Oxytropis kansuensis*)、冷地早熟禾(*Poa crmophila*)、山地早熟禾(*Poa praten*)、草地早熟禾(*Poa Pratensis*)、摩玲草(*Morina chinensis*)、柔软紫菀(*Aster flaccidus*)等,种类组成较多。植物生长末期植被盖度可达 98%以上,冠层平均高度 25 cm 左右,地上生物量(NPP)为 330~467 g m^{-2},平均约 393.2 g m^{-2}。土壤为亚高山草甸土。0~40 cm 层次土壤有机质含量为 5.85%,土壤氮含量为 0.33%。

金露梅(*Potentilla fruticosa*)灌丛草甸植被类型主要分布在土壤湿度相对较高的山地阴坡及河谷沿岸,除建群种的金露梅外,主要优势种及伴生种有矮嵩草(*Kobresia humilis*)、羊茅(*Festuca ovina*)、异针茅(*Stipa aliena* Keng)、紫羊茅(*Festuca rubra*)、麻花艽(*Gentiana straminea*)、线叶嵩草(*Kobresia capillifolia*)、银莲花(*Anemone cathayensis* Kitag)、藏异燕麦(*Helictotrichon tibeticum*)、珠芽廖(*Polygonum viviparum* L.)等,种类组成相对丰富。植物生长末期植被盖度可达 85%左右,冠层上部的金露梅冠面高度可达 60 cm,下层草本植物平均高度 18 cm 左右,地上生物量(NPP)为 223~378 g m^{-2},平均约 284.4 g m^{-2}。土壤为高山灌丛草甸土。0~40 cm 层次土壤有机质含量为 11.94%,土壤氮含量为 0.62%。

在土壤湿度很高、排水不畅及河谷沿岸形成有青藏嵩草+帕米尔苔草建群种的沼泽化草甸,伴生种有华扁穗草(*Blysmus sinocompressus*)、黑褐苔草(*Carex atrofusca*)、青藏苔草(*Carex moorgropt*)、湿生扁蕾(*Gentianopsis paludosa*)、斑唇马先蒿(*Pedicularis longiflora* subsp. *tubiformis*)、星状风毛菊(*Saussurca stilla*)等,种类组成相对较少。植物生长末期植被盖度可达 88%,冠层平均高度 25 cm 左右,地上生物量(NPP)为 229~347 g m^{-2},平均约 300.1 g m^{-2}。土壤为泥炭沼泽土。0~40 cm 层次土壤有机质含量为 28.08%,土壤氮含量为 1.27%。

3 种植被类型植物生长低矮,群落结构简单,初级生产力低等,具有土壤发育年轻、土层浅薄、有机质含量丰富等特征。

6.2 通量数据处理

中国通量网统一采用开路涡度相关通量观测系统(OPEC)观测生态系统的碳水通量。OPEC由三维超声风速仪(CSAT3,Campbell Scientific Inc,USA)和开路式CO_2/H_2O红外气体分析仪(LI-7500,LiCor Inc.,USA)组成,原始采样频率为10 Hz,经数据采集器(CR5000,Campbell Scientific Inc,USA)采集和在线计算后输出平均周期为30分钟的碳水通量数据。

涡度相关技术通过计算碳通量脉动与垂直风速脉动的协方差来求算生态系统与大气之间的净CO_2交换量(NEE)。在下垫面平坦、植被均匀、大气对流强烈的理想条件下,涡度相关技术可以对NEE进行准确计算。但是在地形复杂、大气层结稳定的非理想条件下,需要对涡度相关技术的计算结果进行校正。本节在半小时的时间尺度上依次对通量观测的NEE进行三次坐标轴旋转、WPL校正、储存项计算(只针对森林站点)和无效数据剔除。其中,三次坐标轴旋转是为了使超声风速计垂直于地形表面。WPL校正的目的是为了去除由热量和水汽通量引起的碳通量变化。储存项计算是为了解决由湍流交换不完全引起的碳通量值低估。无效数据剔除是为了去除降水、仪器故障或大气层结稳定等情况下的观测数据,主要包括四种剔除方法:降水时期数据剔除、通量阈值剔除、三倍标准差剔除和夜间摩擦风速(u^*)阈值剔除。

基于以上方法获得的NEE需要进一步进行插补和拆分。其中,NEE为负值表示生态系统从大气吸收CO_2,为正值表示生态系统向大气释放CO_2。白天缺失的NEE(太阳高度角≥0)利用米氏方程(Michaelis et al.,1913)以8天为一个窗口进行插补。米氏方程公式为:

$$NEE = -\frac{\alpha \times PAR \times P_{max}}{\alpha \times PAR + P_{max}} + R_{e,daytime} \tag{6.1}$$

式中,α为表观量子效率(mol C mol $PPFD^{-1}$),PAR为光合有效辐射(mol PPFD $m^{-2}s^{-1}$),P_{max}为最大光合作用速率(mol C $m^{-2}s^{-1}$),$R_{e,daytime}$为白天生态系统呼吸(mol C $m^{-2}s^{-1}$)。

夜间缺失NEE(太阳高度角<0,即夜间生态系统呼吸)的插补方法以及白天R_e的估算方法来自Reichstein等(2003)。即以5天为一个窗口,15天为一个滑动窗口,计算Lloyd-Taylor方程(Lloyd et al.,1994)的活化能参数(E_0,K)。将标准误最小的三个E_0取平均值即为该站点(年)的E_0。再以5天为一个窗口,10天为一个滑动窗口计算Lloyd-Taylor方程的参数呼吸(R_{ref},mol C $m^{-2}s^{-1}$)。最后,利用以上获得的参数计算夜间缺失的NEE和白天的R_e。Lloyd-Taylor方程的公式为:

$$R_e = R_{ref} \times e^{E_0\left(\frac{1}{T_{ref}-T_0} - \frac{1}{T+273.15-T_0}\right)} \tag{6.2}$$

式中:T为5 cm土壤温度(℃);T_{ref}为参考温度,本书设为288.15 K(15 ℃);T_0为呼吸的最低温度,本书设为227.13 K(−46.02 ℃);E_0为活化能参数(K);R_{ref}为参考温度下的生态系统呼吸(mol C $m^{-2}s^{-1}$)。

将R_e与NEE相减,即得生态系统总初级生产力(mol C $m^{-2}s^{-1}$)。缺失的常规气象观测数据(本书主要使用温度和辐射数据)利用平均日变化(MDV)法以 7 天为一个窗口进行插补。最后,将插补、计算后的通量和气象数据分别汇总到天尺度。为了与 8 天尺度的遥感数据相匹配,再将天尺度的数据取 8 天尺度的平均值。通量和常规气象观测数据处理流程见图 6.1。

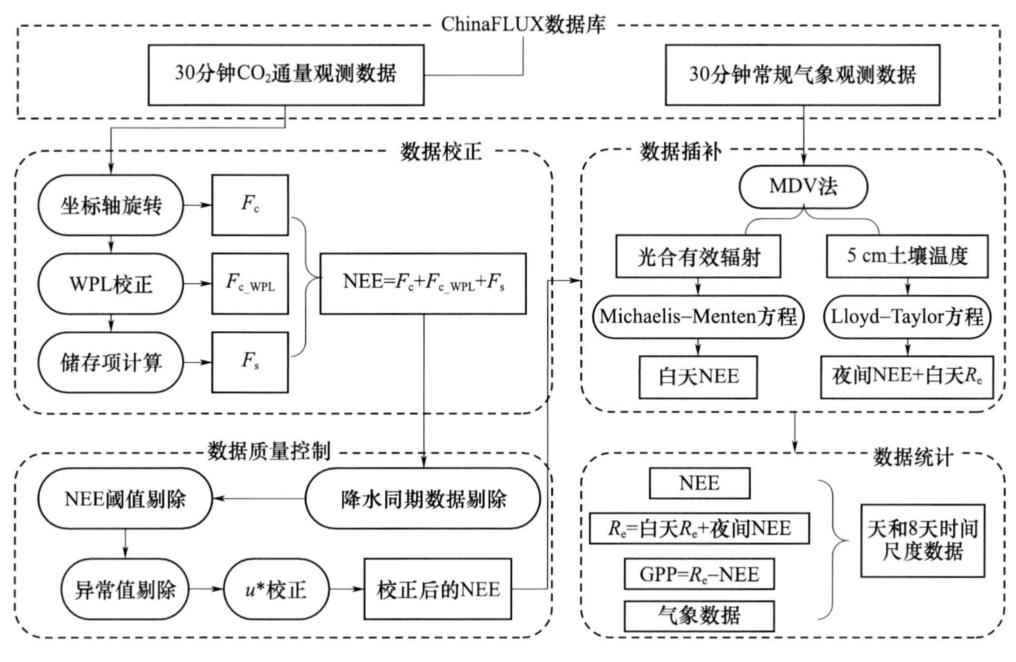

图 6.1　通量和常规气象观测数据处理流程

6.3　中国陆地生态系统碳通量验证

6.3.1　生态系统总初级生产力部分在中国通量观测站点的验证

采用 CBD 模型模拟 7 种植被类型共 36 个站点(年)的生态系统总初级生产力(GPP),并且对比分析了 CBD 模型模拟的 GPP 与通量观测的 GPP 的季节和年际变化。结果表明,两者在大多数情况下具有很好的一致性,其模拟的 GPP 最大值与通量观测的最大值非常接近。CBD 模型模拟的 GPP 与通量观测的 GPP 的时间动态在海北灌丛具有最好的一致性,模拟 GPP 可解释通量观测 GPP 月尺度变化的 95%,其次,在长白山、千烟洲、当雄及禹城的模型模拟的 GPP 与通量观测的 GPP 的时间动态也具有很好的一致性,解释率高于 89%。在内蒙古和鼎湖山存在一些偏差。如在内蒙古 2005 年出现严重干旱时,CBD 模型明显高估了 GPP 的数值。此外,鼎湖山为常绿阔叶林,观测 GPP 年际波动相对较小,CBD 模拟 GPP 对观测 GPP 的解释率相对较低(64%),但模拟 GPP 与观测 GPP 亦呈现显著相关(图 6.2)。

汇总 7 种植被类型月尺度的 GPP 模拟值和观测值,结果表明,CBD 模型可以模拟通量观测 GPP 变化的 85%,RMSE 值为 36.43 g C m^{-2} $month^{-1}$。为了进一步分析 PCM 模型对不同时间尺度 GPP 的模拟能力,我们又分别将 CBD 模型模拟的 GPP 与通量观测的 GPP 取年尺度的总量，并对比两者的差异。结果表明，在年尺度，可以模拟通量观测 GPP 变化的 90%，RMSE 值为 247.4 g C m^{-2}a^{-1}。以上结果表明，CBD 模型可以很好地捕捉到 GPP 的季节和年际变化，且 CBD 模型对 GPP 的模拟能力随时间尺度扩展不断增大(图 6.3)。

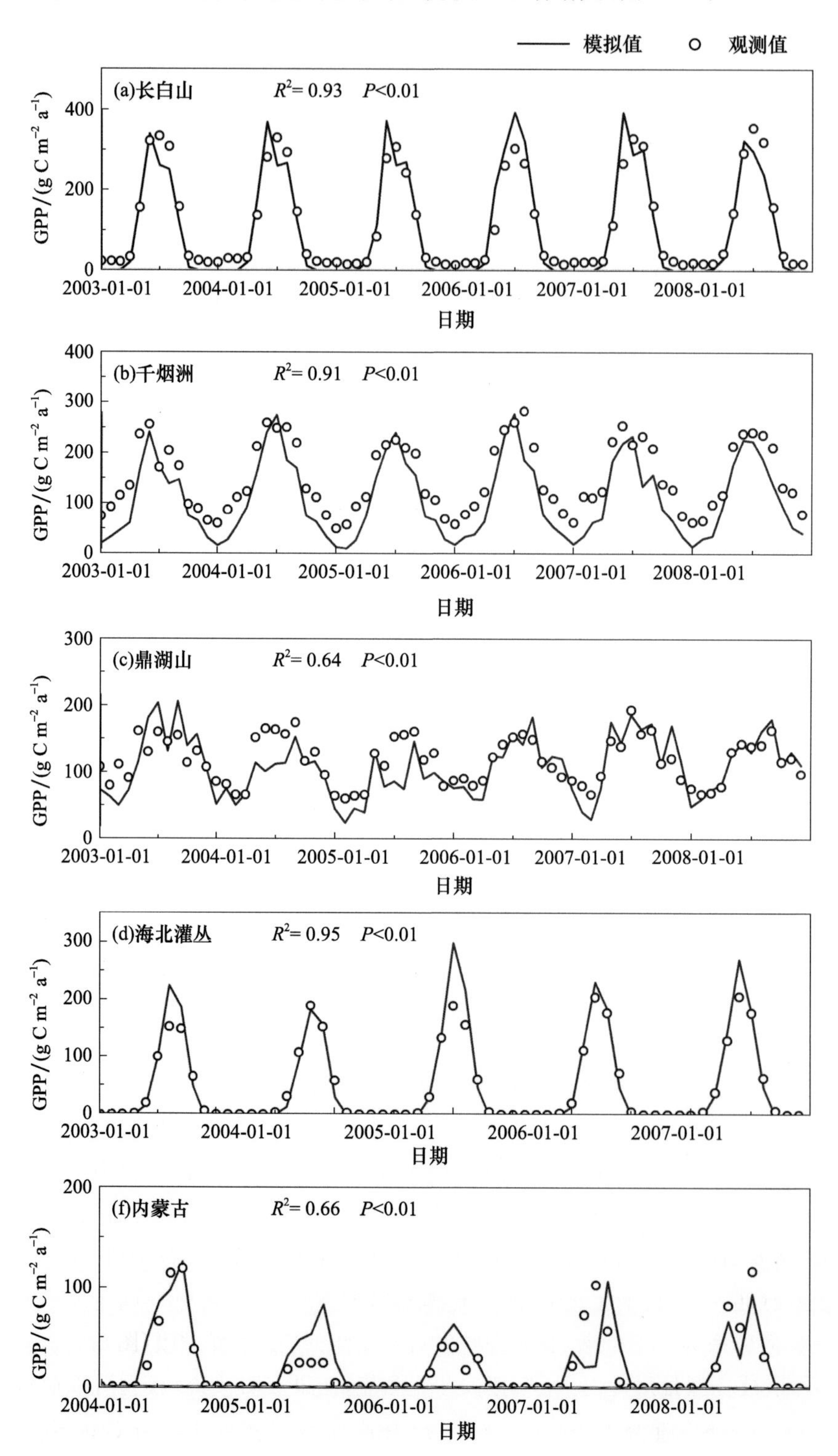

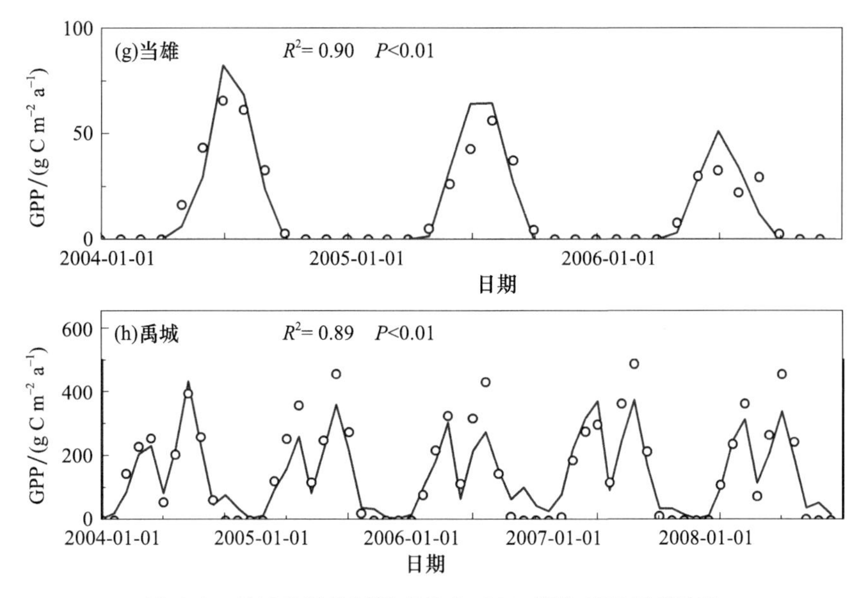

图 6.2　月尺度通量观测 GPP 与 CBD 模拟 GPP 季节变化

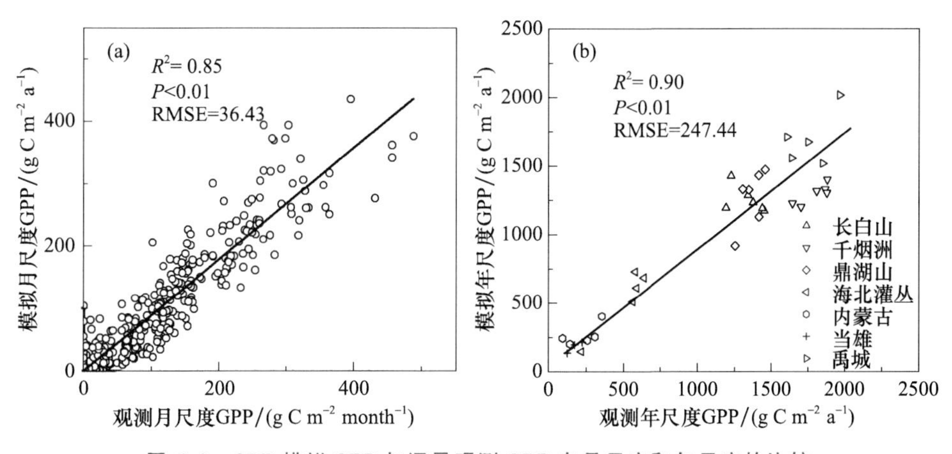

图 6.3　CBD 模拟 GPP 与通量观测 GPP 在月尺度和年尺度的比较

6.3.2　呼吸部分在中国通量观测站点的验证

采用 CBD 模型获取 7 种植被类型共 36 个站点(年)的 R_e，对比分析了 CBD 模型模拟 R_e 与通量观测的 R_e 的季节和年际变化。结果表明，在大多数情况下，两者具有很好的一致性，CBD 模型可以解释各植被类型通量观测 R_e 变化的 74%～94%，并且模型模拟的 R_e 最大值和最小值也与通量观测的最大值和最小值具有很好的一致性。CBD 模型模拟的 R_e 与通量观测的 R_e 的时间动态在海北灌丛具有最好的一致性，其解释率为 97%，其次禹城(96%)、千烟洲(91%)、鼎湖山(90%)及长白山(86%)等农田及森林站点。模型模拟的 R_e 与通量观测的 R_e 在内蒙古有较大偏差，尽管其总体解释率为 71%，但高估了 2005 年、2006 年的生态系统呼吸(图 6.4)。

汇总 7 种植被类型月尺度的 R_e 模拟值和观测值，结果表明，CBD 模型可以模拟通量观测 R_e 变化的 85%，RMSE 值为 24.51 g C m^{-2} $month^{-1}$。为了进一步分析 CBD 模型对不同时

间尺度 R_e 的模拟能力，我们又分别将 CBD 模型模拟的 R_e 与通量观测的 R_e 取年尺度的总量，并对比两者的差异。结果表明，在年尺度，可以模拟通量观测 GPP 变化的 76%，RMSE 值为 210.57 g C $m^{-2}a^{-1}$。以上结果表明，CBD 模型可以很好地捕捉到 GPP 的季节和年际变化(图 6.5)。

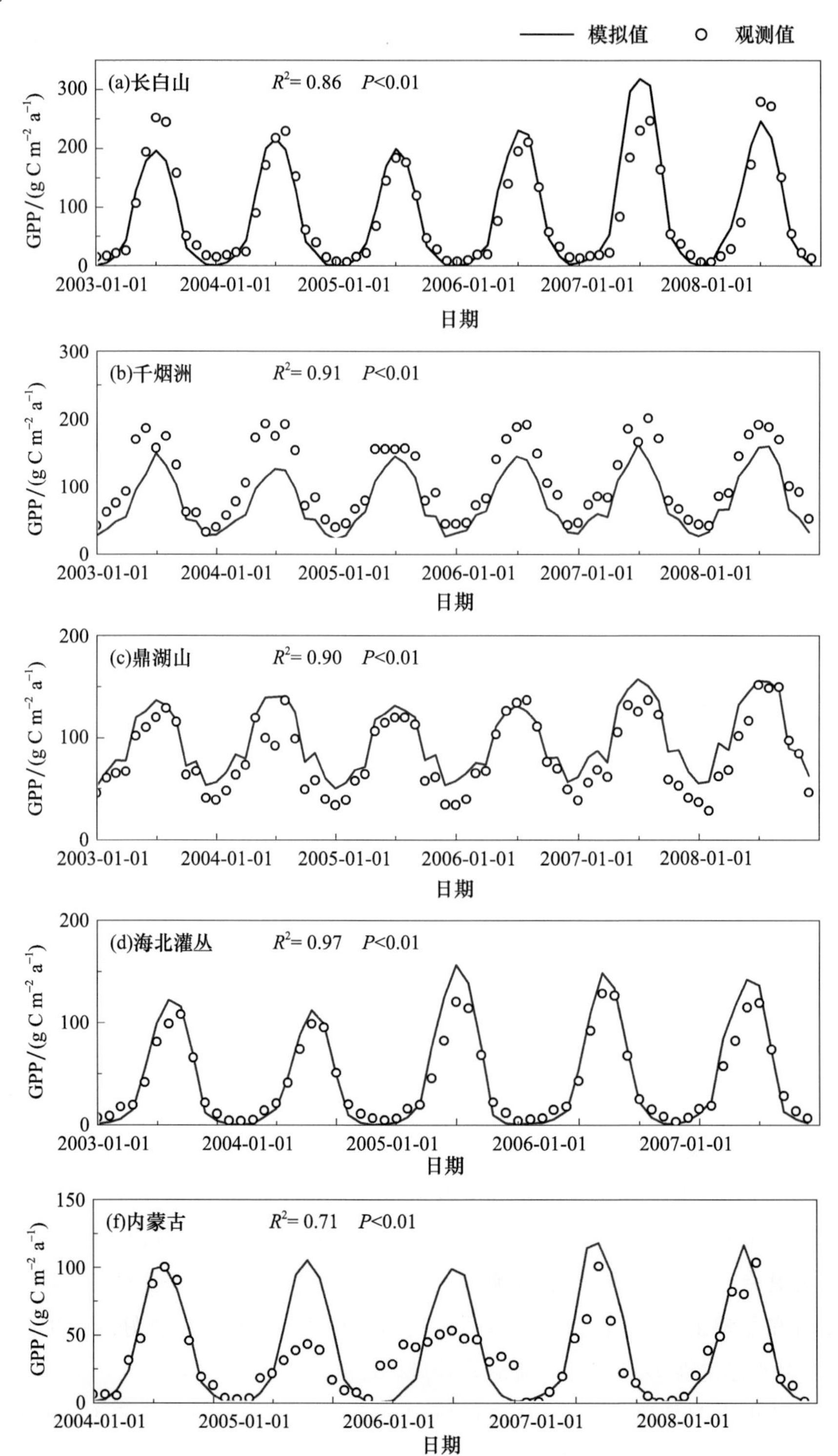

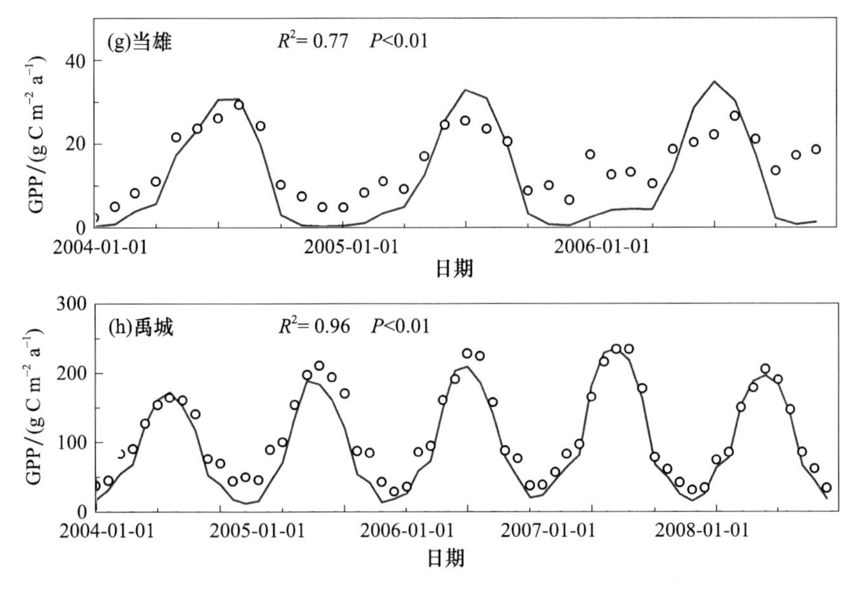

图 6.4 月尺度通量观测 R_e 与 CBD 模拟 R_e 的季节变化

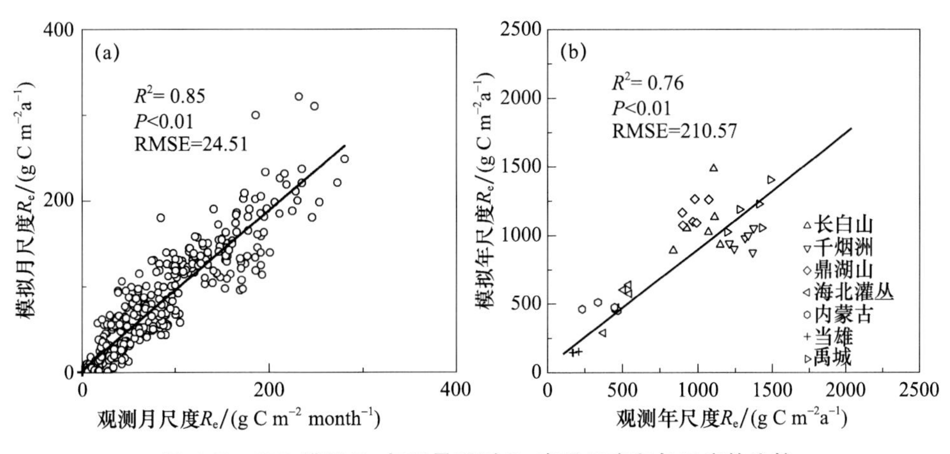

图 6.5 CBD 模拟 R_e 与通量观测 R_e 在月尺度和年尺度的比较

6.3.3 净生态系统生产力部分在中国通量观测站点的验证

采用CBD模型模拟7种植被类型共36个站点(年)的NEP,对比分析了CBD模型模拟的NEP与通量观测的NEP的季节和年际变化。结果表明,两者在大多数情况下具有很好的吻合,其模拟的NEP最大值与通量观测NEP的最大值非常接近。CND模型模拟的NEP与通量观测的NEP的时间动态在长白山具有最好的一致性,模拟NEP可解释通量观测NEP月尺度变化的80%,其次,在海北灌丛、禹城、当雄、千烟洲的模型模拟的GPP与通量观测的GPP的时间动态也具有很好的一致性,解释率高于64%。在内蒙古和鼎湖山存在一些偏差,主要是因为内蒙古和鼎湖山的NEP无明显季节变化,说明CBD模型可以很好地捕捉到NEP的季节变化,但对季节变化很弱的点模拟效果稍差(图6.6)。

汇总7种植被类型月尺度的NEP模拟值和观测值,结果表明,CBD模型可以模拟通量观测 NEP 变化的 65%，RMSE 值为 32.27 g C m^{-2} $month^{-1}$。为了进一步分析 CBD 模型对不同时间尺度 NEP 的模拟能力，我们又分别将 CBD 模型模拟的 NEP 与通量观测的 NEP 取年尺度的总量，对比两者的差异。结果表明，在年尺度，可以模拟通量观测 NEP 变化的 75%，RMSE 值为 172.70 g C $m^{-2}a^{-1}$。以上结果表明，CBD 模型可以很好地捕捉到 GPP 的季节和年际变化，且 CBD 模型对 GPP 的模拟能力随时间尺度扩展不断增大(图 6.7)。

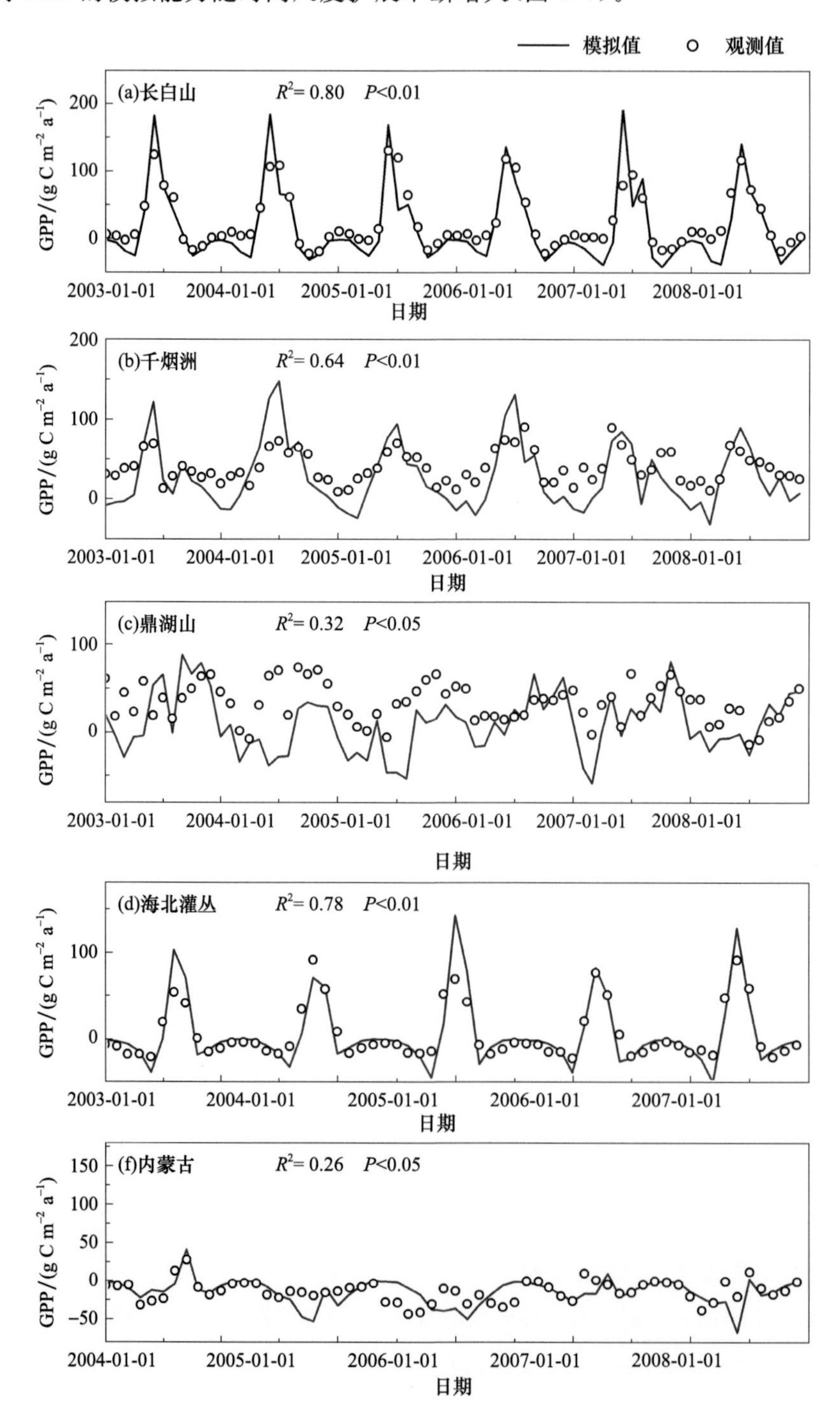

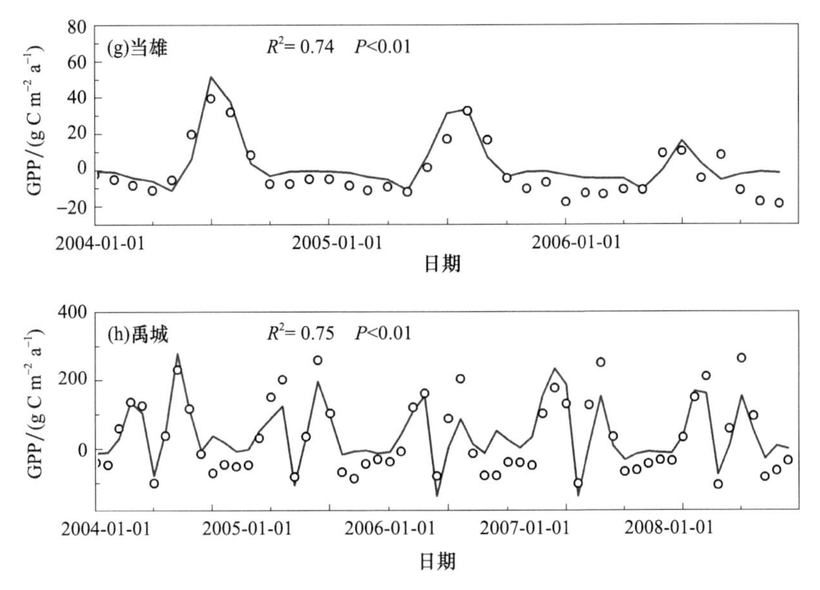

图 6.6　月尺度通量观测 NEP 与 CBD 模拟 NEP 的季节变化

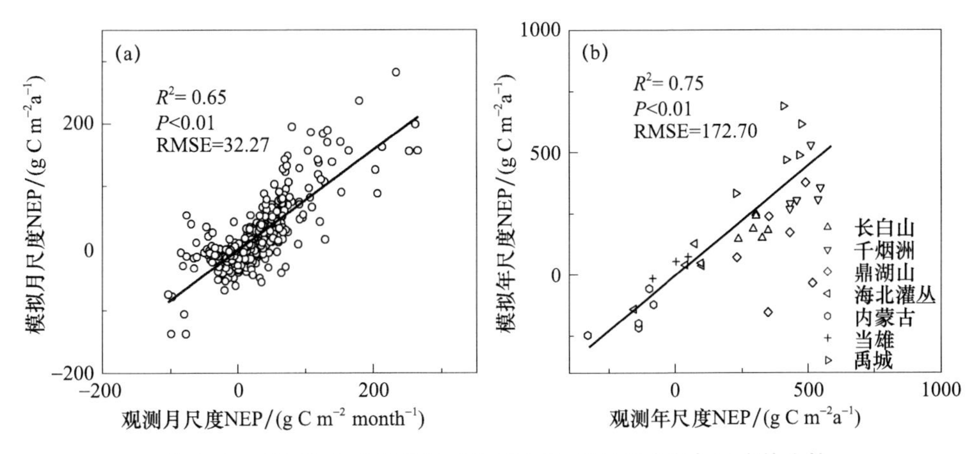

图 6.7　CBD 模拟 NEP 与通量观测 NEP 在月尺度和年尺度的比较

第7章　中国陆地生态系统总初级生产力时空分布特征

7.1　中国陆地生态系统总初级生产力空间分布

中国陆地生态系统总初级生产力(GPP)的多年平均值为571.88±75.00 g C $m^{-2}a^{-1}$，整体上由东南沿海向西北内陆递减。GPP高值区主要位于东南沿海地区的福建省、广东省、海南省、广西壮族自治区东北部以及台湾省东部地区，这些地区受海洋性季风的影响最强，水热条件充足，自然植被类型以常绿阔叶林为主，故植被生产力最高，大于1000 g C $m^{-2}a^{-1}$；其次是华北地区，这一地区的植被类型以冬小麦-夏玉米的两熟农田为主，高强度的农业活动导致该区植被生产力也很高；大小兴安岭、长白山和秦岭地区，这些区域植被由落叶阔叶林、针阔混交林等构成，水热条件适中，也具有较高的植被生产力。GPP低值区主要集中在西北内陆。此地区属于大陆性气候，降水稀少，夏季高温干旱，自然植被稀疏，并且分布着广阔的沙漠，GPP不足100 g C $m^{-2}a^{-1}$，其中新疆大部分地区没有或植被覆盖度很低，GPP估算值为0。

2000—2021年全国GPP总量为4.37±0.61 Pg C a^{-1}，不同气候区GPP年总量和平均GPP存在较大差异。从总量上来看，热带-亚热带季风区GPP最高(2.10±0.29 Pg C a^{-1})，约占全国GPP总量的48%；温带季风区(1.53±0.22 Pg C a^{-1})次之，约占全国GPP总量的35%；温带大陆性气候区及青藏高寒区GPP较低，分别为0.52±0.09 Pg C a^{-1}及0.22±0.03 Pg C a^{-1}，分别占全国总量的12%及5%。从均值上看，热带-亚热带季风区及温带季风区GPP均值较高，分别为986.61±135.85 g C $m^{-2}a^{-1}$及880.62±125.74 g C $m^{-2}a^{-1}$，水热充足的气候条件及人工管理的农田是该地区GPP较高的主要因素；温带大陆性气候区GPP均值较低，为236.18±36.09 g C $m^{-2}a^{-1}$，干旱少雨的气候导致该地区GPP较低；青藏高寒区GPP均值最低，仅为138.37±13.35 g C $m^{-2}a^{-1}$(图7.1)。

不同生态系统类型的平均GPP存在较大的差异。林地通常具有较高的单位面积生产力，其中分布在水热充足的南方的常绿阔叶林最高，为1195.07±129.04 g C $m^{-2}a^{-1}$，而分布在高纬度地区的落叶针叶林，受低温抑制影响较大，生产能力最弱，仅为638.05±76.02 g C $m^{-2}a^{-1}$，落叶阔叶林、混交林及常绿针叶林的GPP值在二者之间，分别为1066.54±141.74 g C $m^{-2}a^{-1}$、1054.57±145.33 g C $m^{-2}a^{-1}$、978.20±131.46 g C $m^{-2}a^{-1}$。农田具有相对较高的GPP值，为822.04±118.32 g C $m^{-2}a^{-1}$；草地单位面积生产力较低，仅为242.60±34.39 g C $m^{-2}a^{-1}$，但面积分布十分广阔；高寒草原、高寒草甸的单位面积生产力分别为 44.24±5.29 g C $m^{-2}a^{-1}$、177.03±21.46 g C $m^{-2}a^{-1}$，GPP 存在较大差别，是由不同高寒草地类型生境、群落类型及其生长状况等的差异导致的(张镱锂 等，2013)。

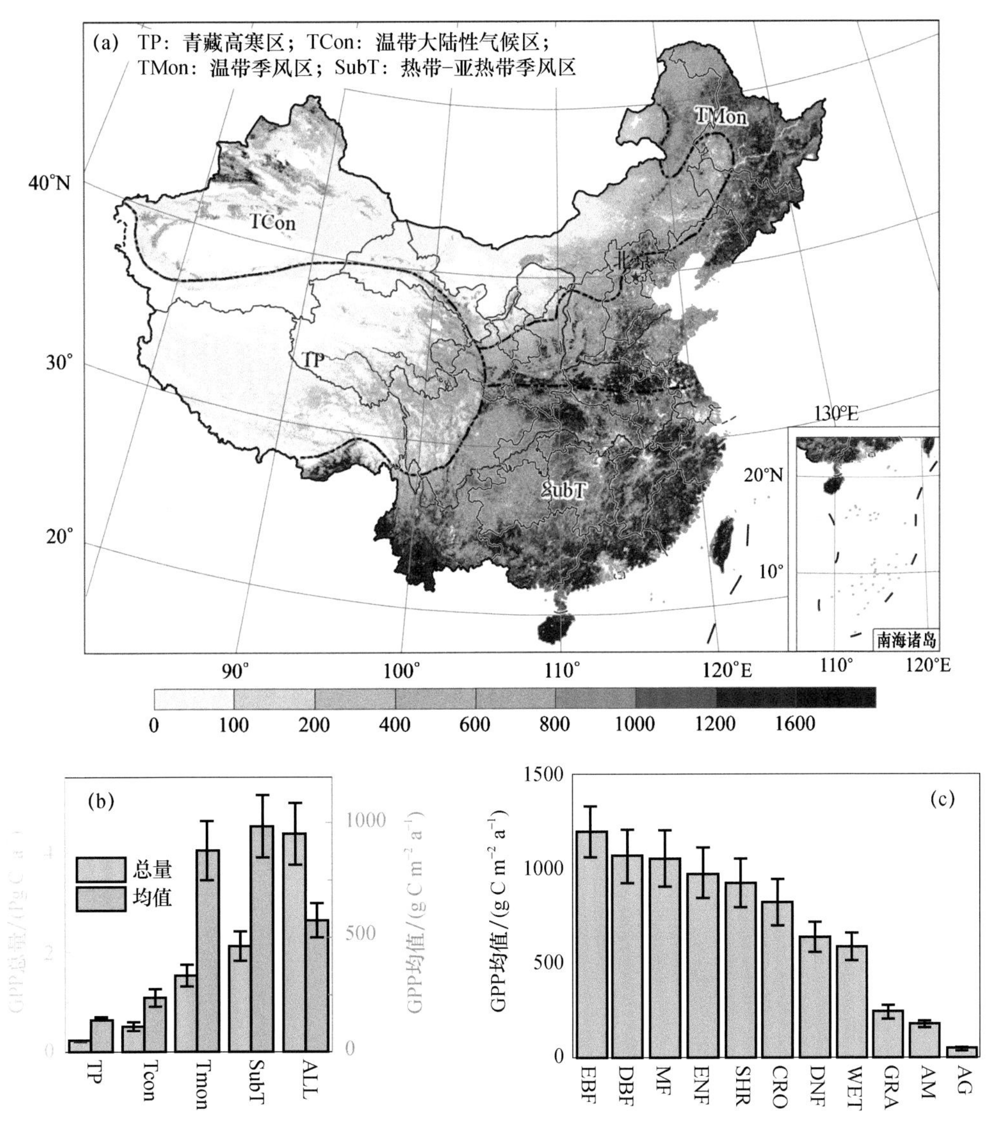

图 7.1　2000—2021 年中国陆地生态系统 GPP 多年平均值的空间统计

(a)多年均值空间格局(单位：g C $m^{-2}a^{-1}$)；(b)不同气候区 GPP 总量及均值；(c)不同植被类型年均 GPP

7.2　中国陆地生态系统总初级生产力时间变化

2000—2021 年中国陆地生态系统总初级生产力(GPP)年总量最大值为 5.27 Pg C a^{-1}，出现在2021年；最小值为3.14 Pg C a^{-1}，出现在2000年；2000—2021年中国陆地生态系统GPP总量整体呈显著上升趋势（$p<0.01$），年均显著增加92.17 Tg C a^{-1}，相比于多年平均GPP，每年约增加2%。不同气候区GPP均呈显著增加趋势，其中热带-亚热带季风区GPP增加速率最快，年均增加43.34 Tg C a^{-1}；其次分别为温带季风区（32.36 Tg C a^{-1}）、温带大陆性气候区（13.13 Tg C a^{-1}）及青藏高寒区（3.34 Tg C a^{-1}）。与各地区多年平均GPP总量进行比较，以获取GPP每年增加的百分比，发现温带大陆性气候区GPP增加速率最快，每年增加2.52%，其次为温带季风区（2.12%），中国北方大规模植树造林及气候变化共同促进了上述地区的植被恢复。热带-亚热带季风区每年增加2.06%，青藏高寒区每年增加1.55%（图7.2）。

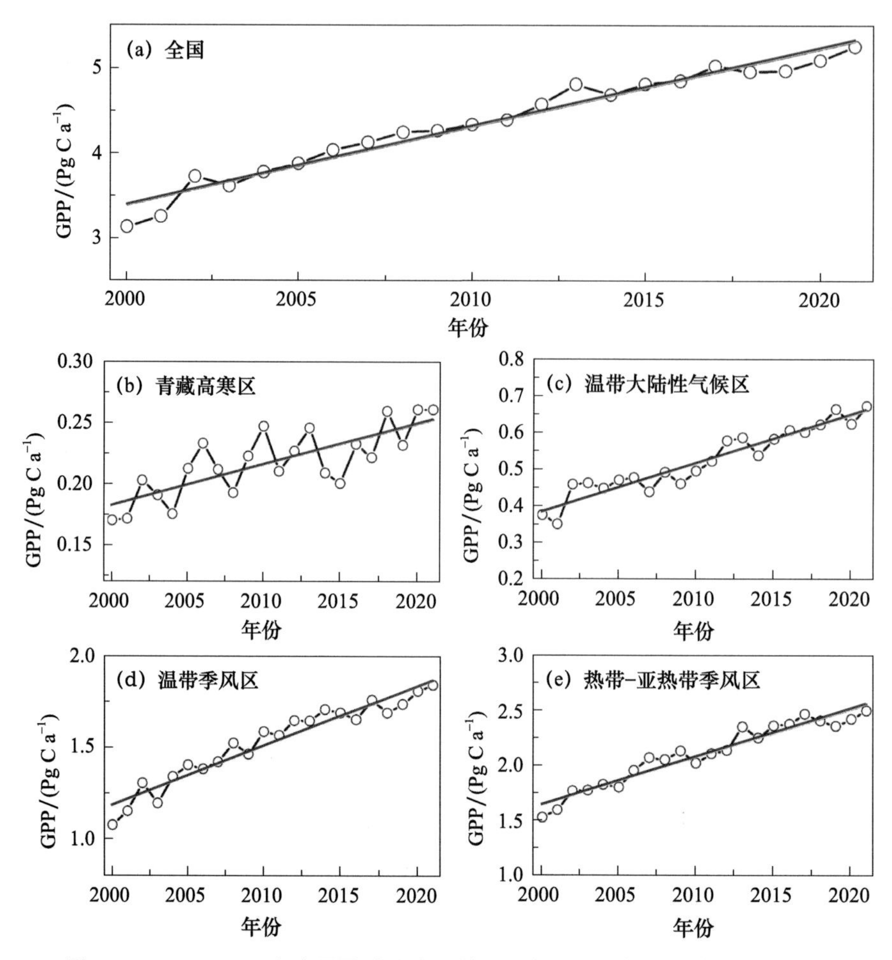

图7.2 2000—2021年中国陆地生态系统不同气候区总初级生产力年际变化

在空间尺度上，中国陆地生态系统超过94%的地区GPP呈增加趋势，约73%的地区呈显著增加趋势（$p<0.05$），华南地区及黄土高原地区GPP增加最快，增速超过40 g C $m^{-2}a^{-1}$；GPP较低的温带大陆性气候区及青藏高寒区，GPP增速较慢，年均增速低于10 g C $m^{-2}a^{-1}$。此外，中国陆地生态系统约6%的地区GPP呈下降趋势，主要分布在大城市周边，说明城市扩张是GPP降低的重要因素（图7.3）。

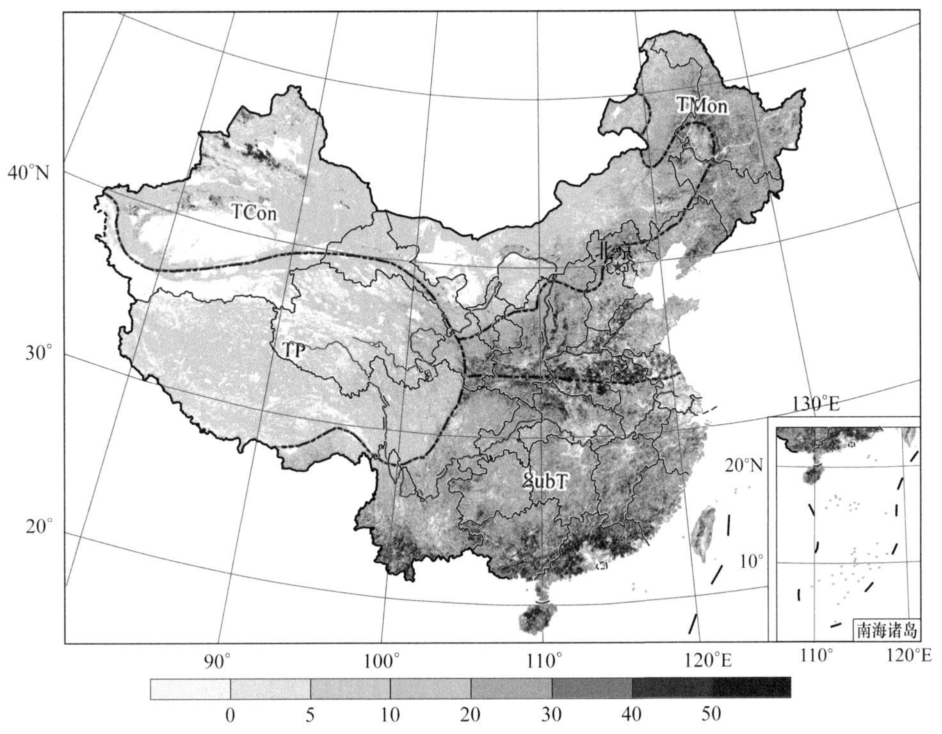

图 7.3　2000—2021 年 GPP 变化趋势的空间格局(单位:$g\ C\ m^{-2} a^{-1}$)

7.3　CBD 模拟结果与其他模型结果的比较

随着全球气候变暖与气候变化趋势加剧,陆地生态系统碳循环过程及其机理成为科学家关注的核心问题。自 20 世纪 90 年代起,一系列生态系统过程模型和遥感模型被用于中国陆地植被生产力估算(表 7.1),由于不同模型的结构参数、研究时段、输入数据各不相同,研究结果彼此差异很大。综合不同研究者的研究结果可以看到,我国陆地生态系统年均 GPP 为 2.66～12.26 Pg C a^{-1},本研究与前人研究基本吻合。

表 7.1　本研究和已发表相关研究估算的中国陆地生态系统 GPP

模型	GPP/(Pg C a^{-1})	研究时段	参考文献
TEM	7.31	1993—1996 年	Xiao et al.,1998
CASA	3.90	1997 年	朴世龙 等,2001
RSM	12.26	1990 年	陈利军 等,2001
CEVSA	5.78～6.74	1981—1998 年	Tao et al.,2003
BEPS	4.418	2001 年	Feng et al.,2007
BEPS	5.26～5.68	2000—2010 年	Liu et al.,2013
EC-LUE	5.63～6.39	2000—2009 年	Li et al.,2013
GEOPRO	4.84	2000 年	Gao et al.,2008
CEVSA	6.26～7.36	1980—2000 年	Gao et al.,2008

续表

模型	GPP/(Pg C a^{-1})	研究时段	参考文献
CASA	5.14～5.92	1982—2003 年	Gao et al.,2008
GLOPEM	5.52～6.62	1981—2000 年	Gao et al.,2008
GEOLUE	5.68	2000—2004 年	Gao et al.,2008
CASA	2.66～3.16	1982—1999 年	Piao et al.,2005
Revised CASA	5.32～7.28	1989—1993 年	Zhu et al.,2007
AVIM2	6.90	1981—2000 年	黄玫,2006
MOD17	5.26	2000—2008 年	http://www.edc.usgs.gov/
CBD	3.14～5.27	2000—2021 年	本研究

注:当文献中无 GPP 模拟结果时,用 NPP 乘以 2 来代替。

不同研究中对中国陆地生态系统同一植被类型单位面积 GPP 的估算结果差别较大。常绿阔叶林普遍高于其他植被类型,不同方法的模拟结果变化范围很大,最高值可达 1972 g C $m^{-2}(8d)^{-1}$,而最低值仅为 1122 g C $m^{-2}(8d)^{-1}$;其他林地类型的模拟结果相差较小,常绿针叶林、落叶针叶林、落叶阔叶林和混交林的变化范围分别为 710 ～ 1106 g C $m^{-2}(8d)^{-1}$、734～996 g C $m^{-2}(8d)^{-1}$、902 ～ 1286 g C $m^{-2}(8d)^{-1}$、1034 ～ 1338 g C $m^{-2}(8d)^{-1}$,其中 CBD 模型对落叶针叶林的估算结果较其他模型偏低。不同研究者对灌丛单位面积 GPP 的估算也存在较大差异,最低值为 405 g C $m^{-2}(8d)^{-1}$,仅为最高值的 1/3,这是由于不同研究采用的植被类型图灌丛种类与分布的差异造成的。农田单位面积 GPP 的估算结果为 724～1168 g C $m^{-2}(8d)^{-1}$。以往的全国 GPP 模型中没有考虑草地生态系统内部的异质性,所用植被类型图通常将草地作为一种土地覆被类型,然而不同类型草地差距很大,朱文泉等(2006)研究模拟的荒漠草地单位面积 GPP 为 207 g C $m^{-2}(8d)^{-1}$,坡面草地单位面积 GPP 则高达 1015 g C $m^{-2}(8d)^{-1}$;CBD 对高寒草原和高寒草甸的模拟结果约为其他模型结果的一半,但高寒草原单位面积 GPP 仅是高寒草甸的 1/4～1/3,这与其他模型结果一致(表 7.2)。

表 7.2　本研究 GPP 估算结果与已发表相关研究结果在不同植被类型上的比较

模型	常绿针叶林	常绿阔叶林	落叶针叶林	落叶阔叶林	混交林	灌丛	草地	农田	高寒草原	高寒草甸	参考文献
CBD	978	1195	638	1067	1055	924	242	822	44	177	本研究
EC-LUE	992	1430	829	1083	1273	405	382	839	—	—	Li et al.,2013
BEPS	938	1480	844	998	1119	726	245	872	—	—	Feng et al.,2007
BEPS	1106	1620	770	1282	1034	560	220	1168	—	—	Liu et al.,2013
CASA	928	1122	996	1030	1092	984	490	724	—	—	Gao et al.,2008
GLOPEM	710	1436	734	902	1338	1232	290	948	—	—	Gao et al.,2008
Revised CASA	734	1972	878	1286		735	207～1015	853	—	—	Zhu et al.,2007
CASA	—	—	—	—	—	—	—	—	112	378	张镱锂 等,2013
TEM	—	—	—	—	—	—	—	—	128	428	周才平 等,2004

注:当文献中无 GPP 模拟结果时,用 NPP 乘以 2 来代替;GPP 单位为 g C $m^{-2}a^{-1}$。

7.4　CBD 模拟结果与 MOD17 的对比

7.4.1　CBD 模拟结果与 MOD17 产品在区域上的比较

2013 年中国陆地生态系统，约 52.35%的区域 MOD17 产品低于 CBD 模拟结果，主要分布在中国北方地区；约 41.06%的地区，MOD17 产品高于 CBD 模拟结果，主要分布在中国南方地区；约 6.05%的地区，MOD17 产品与 CBD 模拟结果相同，主要分布在西北地区及青藏高原地区的无植被区域(图 7.4)。

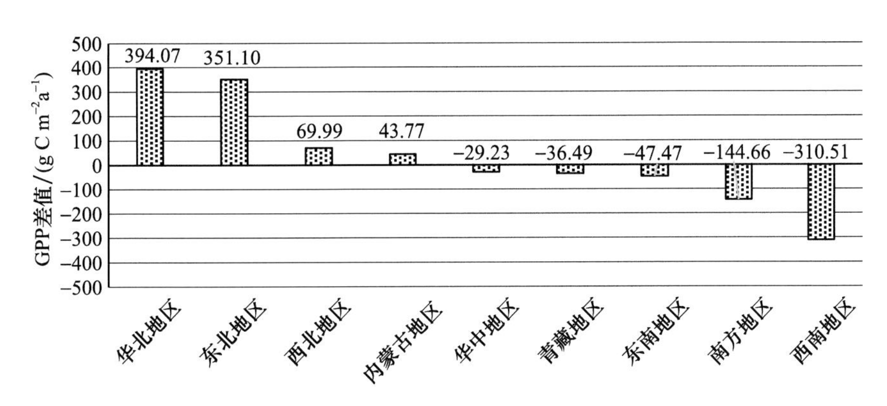

图 7.4　CBD 模拟结果与 MOD17 产品之差

在全国九大地理区域中，位于北方地区的华北地区、东北地区、西北地区及内蒙古地区 MOD17 产品较 CBD 模拟结果分别偏低 394.07 g C $m^{-2}a^{-1}$、351.10 g C $m^{-2}a^{-1}$、69.99 g C $m^{-2}a^{-1}$、43.77 g C $m^{-2}a^{-1}$；而在华中地区、青藏地区、东南地区、南方地区、西南地区 MOD17 产品较 CBD 模拟结果偏高 36.49 g C $m^{-2}a^{-1}$、47.47 g C $m^{-2}a^{-1}$、−144.66 g C $m^{-2}a^{-1}$、310.51 g C $m^{-2}a^{-1}$。

为分析两者的差异，进一步分析了 CBD 模拟结果与 MOD17 产品在 38 个生态亚区的相关性，发现 38 个生态亚区的生态系统 GPP 聚集为 2 个具有明显分布特征的区域，所有区域呈现正相关($R^2=0.50$)，但一部分点在对角线的右侧，即 MOD17 GPP 小于 CBD 模拟结果($R^2=0.52$)，另外一部分点在对角线的左侧，即 MOD17 GPP 大于 CBD 模拟结果($R^2=0.44$)；同时，分布在对角线左侧的点 MOD17 GPP 均在 1000 g C $m^{-2}a^{-1}$ 以上，分布在对角线右侧的点 MOD17 GPP 均在 1000 g C $m^{-2}a^{-1}$ 以下；值得注意的是，在对角线右侧点所对应的区域主要分布在中国北方地区及青藏地区，而对角线左侧点则集中分布在中国南方地区，这个现象说明在 2 类区域两个模型模拟结果差异的原因可能是不同的(图 7.5)。

进一步区分不同生态系统表明，在森林、草地、灌丛也呈现两个明显分异的区域，与整个陆地生态系统 GPP 的分布特征基本相同；农田几乎所有区域 MOD17 GPP 均小于 CBD 模拟结果，且 38 个农业生态亚区也聚集为 2 类区域，其中的一部分区域 2 个模型结果呈现明显的相关性($R^2=0.74$)，即随着 CBD 模拟 GPP 的增大，MOD17 产品 GPP 也逐渐增大，CBD 模拟结

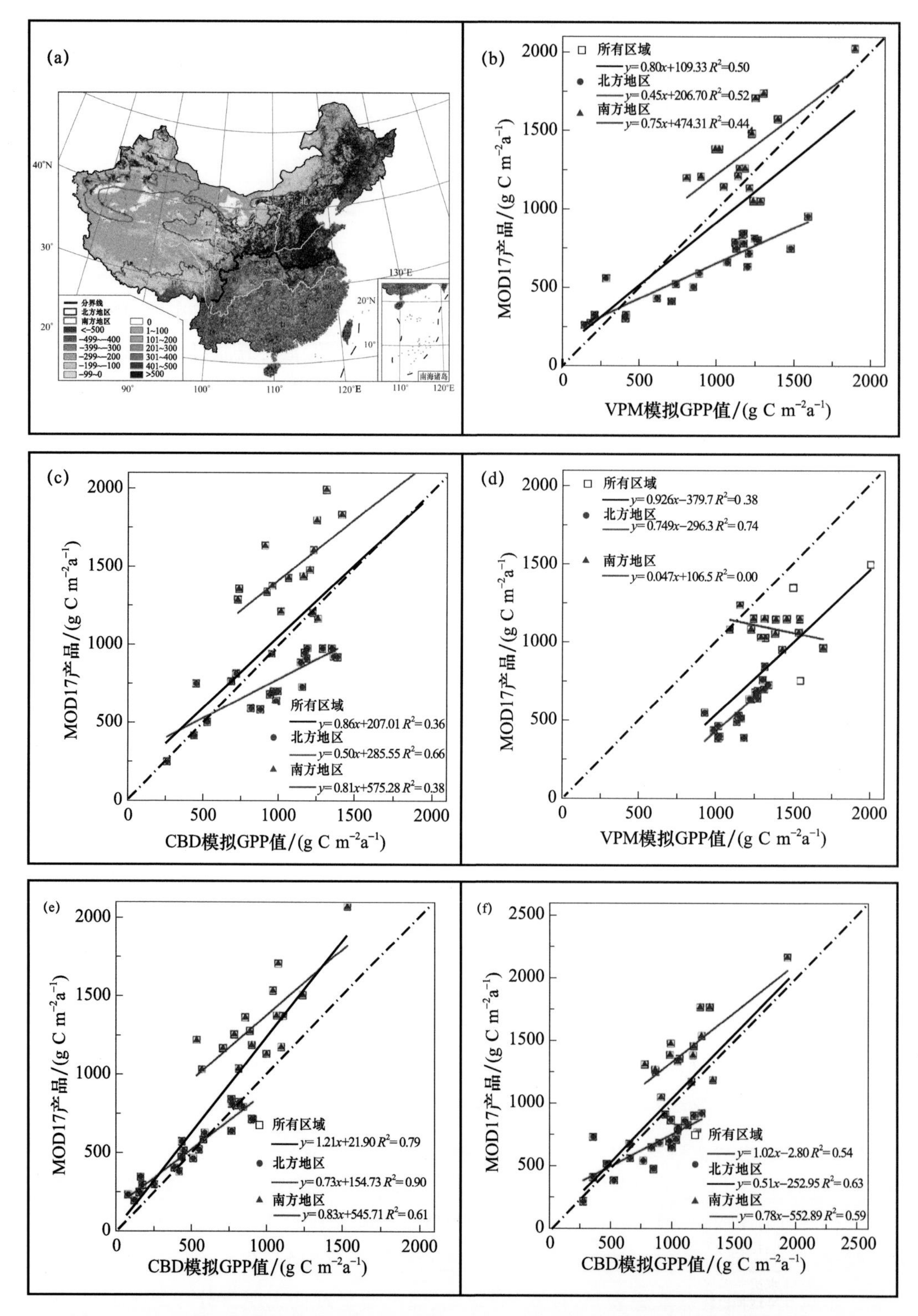

图 7.5　2013 年中国陆地生态系统 CBD 模拟 GPP 与 MOD17 GPP 在 38 个生态亚区的差异

(a)CBD 模拟 GPP 与 MOD17 GPP 的差值;(b)、(c)、(d)、(e)、(f)分别为 CBD 模拟 GPP 与 MOD17 GPP 在 38 个地区所有生态系统、森林、农田、草地、灌丛的相关性

果为 900～1400 g C $m^{-2}a^{-1}$，MOD17 产品为 400～900 g C $m^{-2}a^{-1}$；而在另一部分区域，随着 CBD 模拟结果的增大，MOD17 产品变化不大甚至减小（$R^2=0.00$）。强相关区域主要分布在中国北方地区及青藏地区，弱相关区域则集中分布在南方地区，与全部生态系统的南北分异基本一致。

7.4.2　CBD 模拟结果与 MOD17 产品在农田生态系统的比较

农田生态系统可分为水田和旱作两大类，强相关区域、弱相关区域的空间分布与中国地区旱作、水田种植区的分布基本吻合，强相关区域主要为旱作种植区，同时在东北、华北、宁夏北部等地区零星分布有一定面积的水田种植区，弱相关区域主要为水田种植区，但在四川盆地等地区分布有一定面积的旱作种植区，因此可以推测，水田、旱作的差异可能是导致 CBD 模拟结果与 MOD17 产品差异的主要原因。本书根据中国科学院地理科学与资源研究所基于 Landsat TM/ETM 影像制作的 1 km×1 km 土地利用类型成分数据集（刘纪远 等，2011）中的水田、旱作种植区耕地分布数据，分别计算南北方各农业生态亚区水田、旱作的平均 GPP 并进行相关性分析，在北方旱作种植区 CBD 模拟结果与 MOD17 产品表现出强相关关系（$R^2=0.73$）；在北方水田种植区两者相关性较弱（$R^2=0.21$）；南方旱作、水田种植区 CBD 模拟结果与 MOD17 产品的相关性都很弱（R^2 分别为 0.02、0.01），均低于北方旱作、水田种植区的相关性。说明 CBD 与 MOD17 产品的差异不仅受到水田、旱作种植区差异的影响，而且也受到南北方气候差异等因素的影响（图 7.6、图 7.7）。

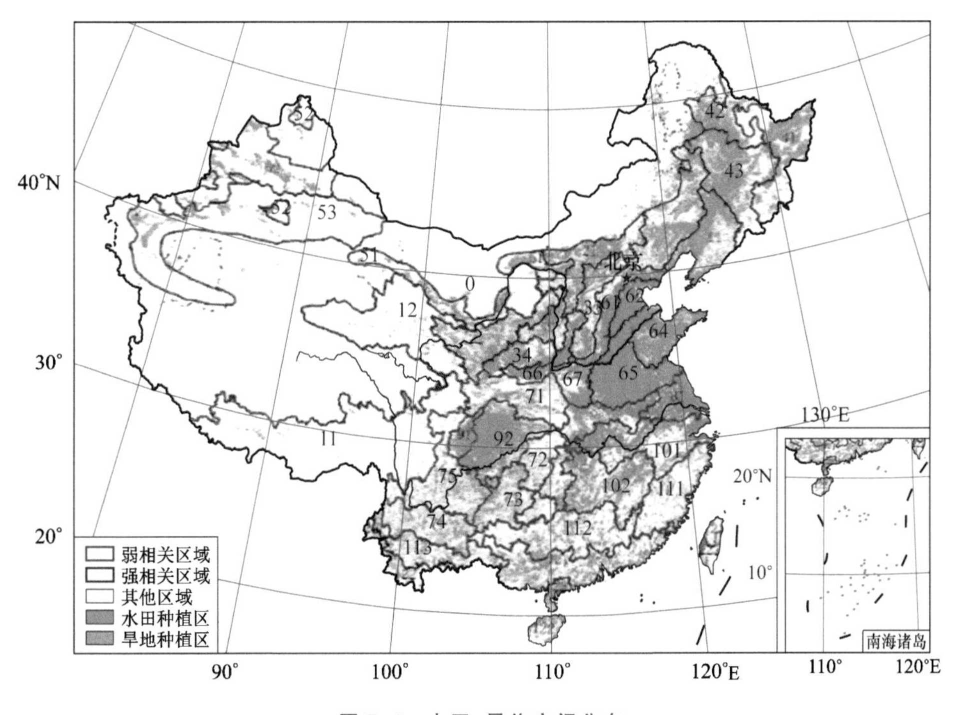

图 7.6　水田、旱作空间分布

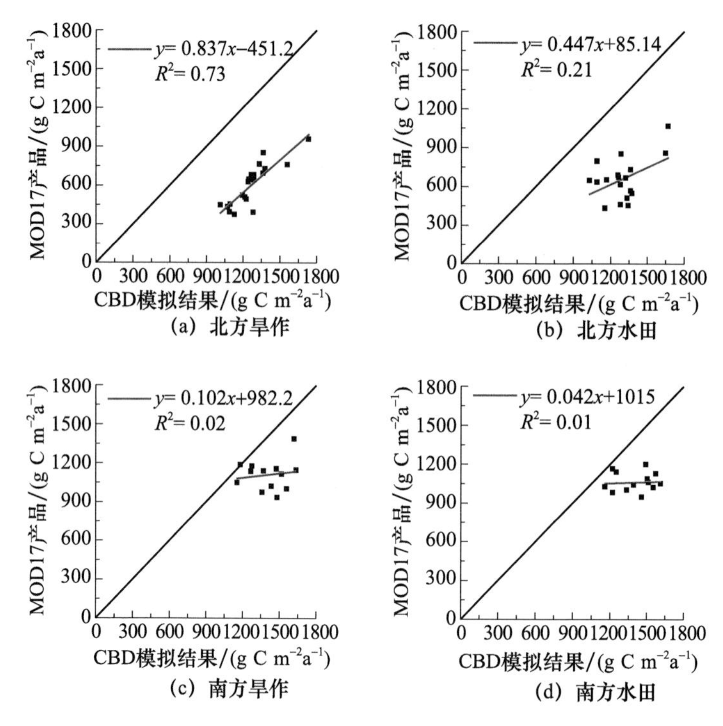

图 7.7 CBD 模拟结果与 MOD17 产品比较

应用通量观测数据，CBD 模型在站点尺度进行对比分析。站点尺度 CBD 采用 EVI、LSWI 及 PAR 数据站点周边 6×6 像元(即 3 km×3 km)范围内的平均值，温度采用站点观测数据；MOD17 产品采用站点周边 3×3 像元(即 3 km×3 km)范围内的平均值。CBD 与 PSN 模型的最大光能利用率存在很大差异，PSN 模型农田 ε_{max} 为 0.68 g MJ^{-1}，在 CBD 中，C3、C4 作物的 ε_{max} 分别为 1.62、1.96 g MJ^{-1}(Yan et al.，2009)。为探析 2 个模型模拟结果差异的主要原因，本书在禹城、盈科站分别应用基于通量站点的最大光能利用率参数和 PSN 模型的最大光能利用率参数运行 CBD(以下对模拟结果分别简称为 FLUX-CBD、PSN-CBD)，然后与 MOD17 产品及通量观测结果(以下简称为 Obs-GPP)进行对比分析。

在禹城站及盈科站 FLUX-CBD 模拟结果可以很好地反映 GPP 的实际变化，MOD17 产品及 PSN-CBD 也可以很好地表达出实际 GPP 的变化趋势，但模拟结果明显偏低。PSN-CBD 模拟结果与 MOD17 产品具有较好的相似性，都远低于 FLUX-CBD 模拟结果及通量观测数据。禹城站夏玉米生长季，PSN-CBD 模拟结果略低于 MOD17 产品，存在更加严重的低估；盈科观测站 PSN-CBD 模拟结果在生长季高峰期略高于 MOD17 产品，在生长季高峰期前后，二者具有很好的相似性，几乎重合。在禹城、盈科观测站，PSN-CBD 模拟结果分别为 685.01 和 699.98 g C $m^{-2}a^{-1}$，较观测数据分别低估了 59.9%、52.8%；MOD17 产品分别为 796.06 和 548.37 g C $m^{-2}a^{-1}$，较观测数据分别低估了 53.4%、63.0%；FLUX-CBD 模拟结果分别为 1771.82 和 1662.44 g C $m^{-2}a^{-1}$，较观测数据高估了 3.8%、12.1%(图 7.8)。

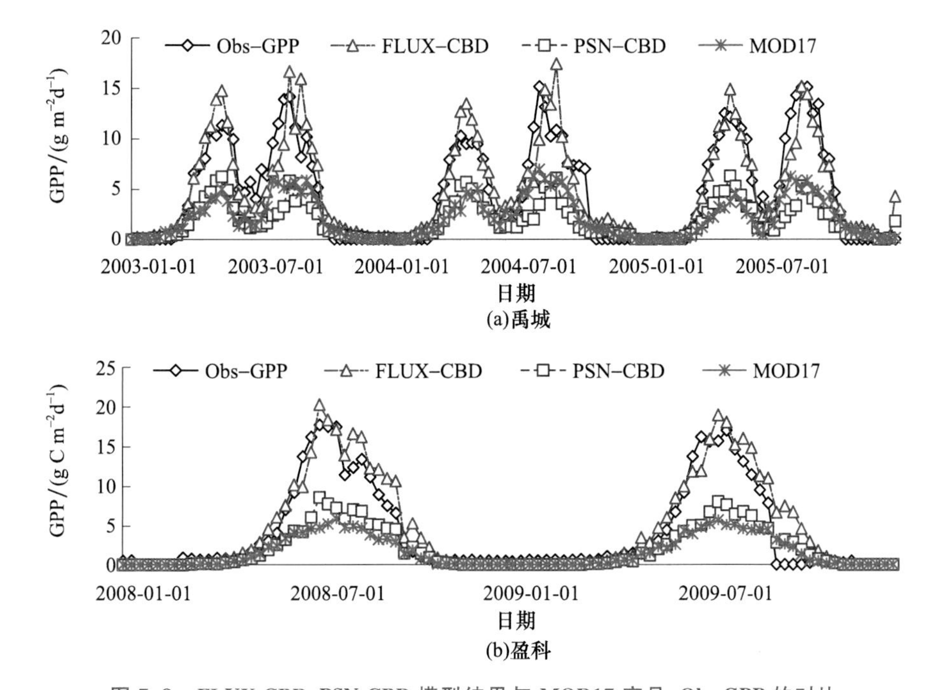

图7.8 FLUX-CBD、PSN-CBD模型结果与MOD17产品、Obs-GPP的对比

注：Obs-GPP代表通量观测结果；FLUX-CBD代表基于通量站点的最大光能利用率参数运行CBD的计算结果；PSN-CBD代表PSN模型的最大光能利用率参数运行CBD的计算结果；MOD17代表MOD17产品在该站点的结果。

模型模拟结果的差异主要来自于模型结构、模型参数与输入数据3个方面。本书首先检验2个模型在输入数据和模型结构都相同的情况下二者的差异，即如果模拟结果差异显著，那么模型参数则是导致模型误差的主要原因。在此基础上，进一步分析模型参数设置对模型区域模拟结果的影响，探讨模型结构及模型驱动数据导致的模拟结果不确定性。已有研究认为，最大光能利用率是导致MOD17产品在农田生态系统低估的主要原因(Zhang et al.,2008; Wang et al.,2013)。CBD与PSN模型在农田生态系统的最大光能利用率参数存在很大差异，PSN模型将农田视为同一植被类型，其最大光能利用率为0.68 g MJ^{-1}，CBD模型中C3、C4作物的最大光能利用率分别为1.62 g MJ^{-1}、1.96 g MJ^{-1}。

在冬小麦-玉米二熟区与玉米一熟区的模拟对比试验表明，由基于碳通量站点获取的最大光能利用率驱动CBD(FLUX-CBD)可以很好地模拟出GPP动态过程(R^2、RMSE、EF在禹城站分别为0.85、1.30 g C $m^{-2}a^{-1}$、0.84，盈科站分别为0.94、1.13 g C $m^{-2}a^{-1}$、0.91)，而以PSN模型的最大光能利用率运行CBD模型得到的模拟结果(PSN-CBD)以及MOD17产品也可以表达GPP的变化趋势，但模拟结果偏低，MOD17产品与PSN-CBD模拟结果非常相近且大部分低于FLUX-CBD模拟结果及观测数据。PSN-CBD与PSN模型采用相同的最大光能利用率，二者的差异表现在模型结构及输入数据方面；PSN-CBD与FLUX-CBD模型的差异仅表现在最大光能利用率上，二者模型结构及输入数据完全相同。PSN-CBD模拟结果与MOD17基本一致，而与FLUX-CBD相差较大，说明最大光能利用率是导致MOD17产品在禹城站、盈科站低估的主要原因。PSN模型中的最大光能利用率来源于生物群落参数对照表(BPLUT)(Heinsch et al. ,2003),低于中国农业主产区C3作物的最大光能利用率58%(Yan et al. ,2009),且PSN模型没有考虑C3与C4作物光能利用率的差异,没有对中国广为分布的多熟种植现象进行模拟,这导致MOD17产品在C4作物种植区的进一步低估(Wang et al. ,2010)。已有研究采用站点观测数据修正PSN模型的输入气象数据和光合有效辐射吸收比例(FPAR)的模拟试验也表明,气象数据及光合有效辐射吸收比例(FPAR)对模拟结果的影响较小,PSN模型在农田生态系统低估主要是由于ε_{max}偏低所致(Zhang et al. ,2008;Wang et al. ,2010)(表7.3)。

表7.3 通量观测数据与模型模拟结果的比较 单位:g C m^{-2} d^{-1}

站点	指标	FLUX-CBD	PSN-CBD	MOD17
禹城	R^2	0.85	0.83	0.81
	RMSE	1.30	2.66	2.87
	EF	0.84	0.31	0.32
盈科	R^2	0.94	0.92	0.94
	RMSE	1.13	3.3	2.75
	EF	0.91	0.27	0.49

注:RMSE单位为g C $m^{-2}a^{-1}$。

在站点尺度,北方二熟种植区以及玉米种植区最大光能利用率参数会导致GPP估算产生52.8%~63.0%的误差;在区域尺度,北方旱作区CBD模拟结果较MOD17产品高42.2%~69.1%,与站点尺度光能利用率产生的偏差相近,且CBD模拟结果高的区域MOD17产品GPP值也相对较高,因此可以推测,中国北方旱作种植区最大光能利用率是CBD模拟结果与MOD17产品差异的主要来源。而在北方水田、南方旱作及南方水田种植区,CBD模拟结果较MOD17产品分别高32.7%~62.2%、-1.6%~28.8%、7.3%~33.8%,但并未呈现出与北方旱作模拟类似的相关性。因此,在北方水田、南方水田及南方旱作区最大光能利用率并不是导致两个模型差异的主要原因,输入数据或模型结构导致的不确定性还需要在这类区域有充分的通量观测数据的条件下进行进一步的研究。

第8章　中国陆地生态系统呼吸时空分布特征

8.1　中国陆地生态系统呼吸空间分布

中国陆地生态系统呼吸的多年平均值为481.44±56.52 g C $m^{-2}a^{-1}$，整体呈东高西低的空间格局，呼吸最强烈的地区主要分布在中国南方地区的云南省南部、海南省及东北地区东部，云南省南部及海南省为热带常绿阔叶林，植被呼吸旺盛，东北地区呼吸旺盛可能是因为在大兴安岭、长白山的森林地区存在丰富的腐殖质，生长季的土壤呼吸旺盛。中国西北地区生态系统呼吸较低，干旱少雨及腐殖质较少，限制了该地区的生态系统呼吸。此外，中国青藏高原地区生态系统呼吸也比较低，主要受到温度的显著影响，高海拔环境导致年均温降低。

2000—2021年全国生态系统呼吸总量约为3.67±0.46 Pg C a^{-1}，不同气候区域的年总R_e和平均R_e均有显著变化。具体而言，热带-亚热带季风区的R_e最高，达到1.48±0.22 Pg C a^{-1}，占全国总R_e的40%。其次是温带季风区，其R_e为1.32±0.18 Pg C a^{-1}，占全国总R_e的36%。相比之下，温带大陆性气候区和青藏高寒区的R_e较低，分别为0.67±0.05 Pg C a^{-1}及0.19±0.02 Pg C a^{-1}，仅占全国总R_e的18%和5%。从均值上看，热带-亚热带季风区和温带季风区均表现出较高水平，分别达到696.04±103.38 g C $m^{-2}a^{-1}$及764.85±106.38 g C $m^{-2}a^{-1}$。这主要归因于这些地区充足的水分和热量资源供给以及有效的农田管理。相反，由于盛行的干旱气候条件，温带大陆性气候区表现出较低的R_e，为304.97±20.86 g C $m^{-2}a^{-1}$。青藏高寒区的R_e最低，仅为123.77±7.08 g C $m^{-2}a^{-1}$。

不同生态系统类型的平均GPP存在较大的差异，与不同生态系统类型的GPP分布情况相一致，林地通常具有较高的单位面积生态系统呼吸，其中分布常绿阔叶林及落叶阔叶林生态系统呼吸较高，分别为982.47±158.15 g C $m^{-2}a^{-1}$、959.48±148.11 g C $m^{-2}a^{-1}$；落叶针叶林生态系统呼吸最弱，仅为720.78±75.62 g C $m^{-2}a^{-1}$；混交林及常绿针叶林的生态系统呼吸介于二者之间，分别为789.39±125.64 g C $m^{-2}a^{-1}$、745.21±117.91 g C $m^{-2}a^{-1}$。其次，灌丛及农田具有相对较高的生态系统呼吸，分别为671.34±101.00 g C $m^{-2}a^{-1}$及653.14±84.59 g C $m^{-2}a^{-1}$。草地单位面积生态系统呼吸较低，仅为240.40±15.51 g C $m^{-2}a^{-1}$，但面积分布十分广阔；高寒草原和高寒草甸的单位面积生态系统呼吸分别为91.57±8.16 g C $m^{-2}a^{-1}$、68.62±5.61 g C $m^{-2}a^{-1}$，GPP存在的较大差别是由不同高寒草地类型生境、群落类型及其生长状况等的差异导致的（图8.1）。

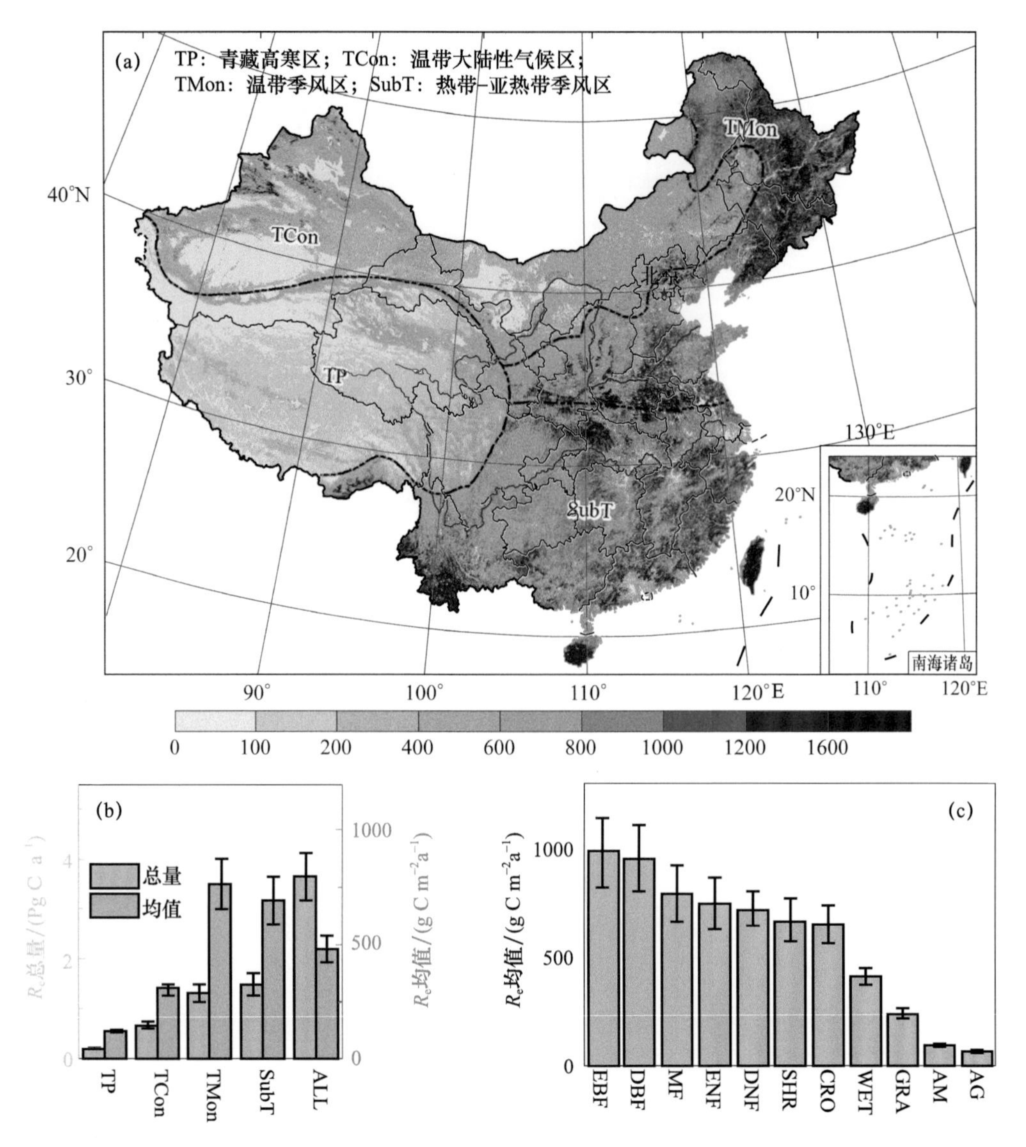

图 8.1　2000—2021 年中国陆地生态系统 R_e 多年平均值的空间统计

(a)多年均值空间格局(单位：g C m^{-2}a^{-1})；(b)不同气候区 R_e 总量及均值；(c)不同植被类型年均 R_e

8.2　中国陆地生态系统呼吸时间动态

2000—2021 年中国陆地生态系统 R_e 年总量最大值为 4.41 Pg C a^{-1}，出现在 2021 年；最小值为 2.88 Pg C a^{-1}，出现在 2000 年；2000—2021 年中国陆地生态系统 R_e 总量整体呈显著上升趋势($p<0.01$)，年均显著增加 69.74 Tg C a^{-1}，相比于多年平均 R_e，每年约增加 1.90%。不同气候区 R_e 均呈显著增加趋势，其中热带-亚热带季风区 R_e 增加速率最快，年

均增加 32.97 Tg C a^{-1}；其次为温带季风区、温带大陆性气候区及青藏高寒区，分别为 27.28 Tg C a^{-1}、7.36 Tg C a^{-1}、2.13 Tg C a^{-1}。与各地区多年平均 R_e 总量进行比较，以获取 R_e 每年增加的百分比，发现热带-亚热带季风区及温带季风区 R_e 增加速率最快，每年分别增加 2.23%及 2.06%，大规模植树造林及气候变化共同促进了上述地区的生态系统呼吸。温带大陆性气候区及青藏高寒区 R_e 增加速率较低，年均分别各增加 1.10%(图 8.2)。

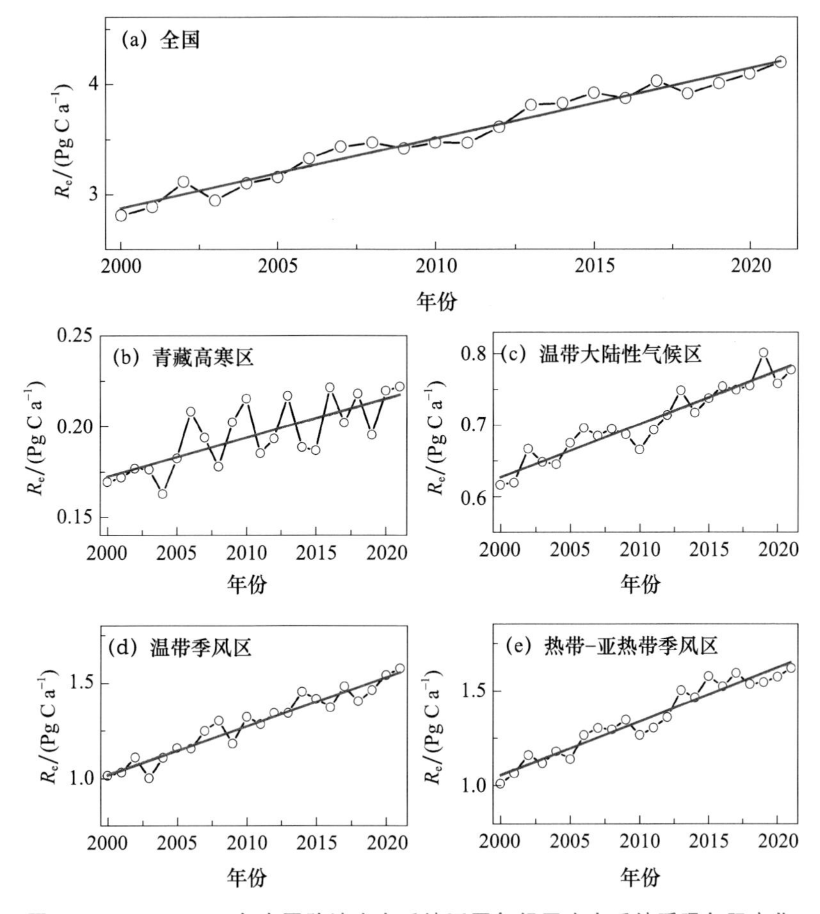

图 8.2 2000—2021 年中国陆地生态系统不同气候区生态系统呼吸年际变化

在空间尺度上，中国陆地生态系统超过 96%的地区 R_e 呈增加趋势，约 68%的地区呈显著增加趋势($p<0.05$)，华南地区及黄土高原地区 R_e 增加最快，增速超过 30 g C $m^{-2}a^{-1}$；R_e 较低的温带大陆性气候区及青藏高寒区，增速较慢，年均增速低于 10 g C $m^{-2}a^{-1}$。此外，中国陆地生态系统约 4%的地区 R_e 呈下降趋势，主要分布在大城市周边，说明城市扩张是 R_e 降低的重要因素(图 8.3)。

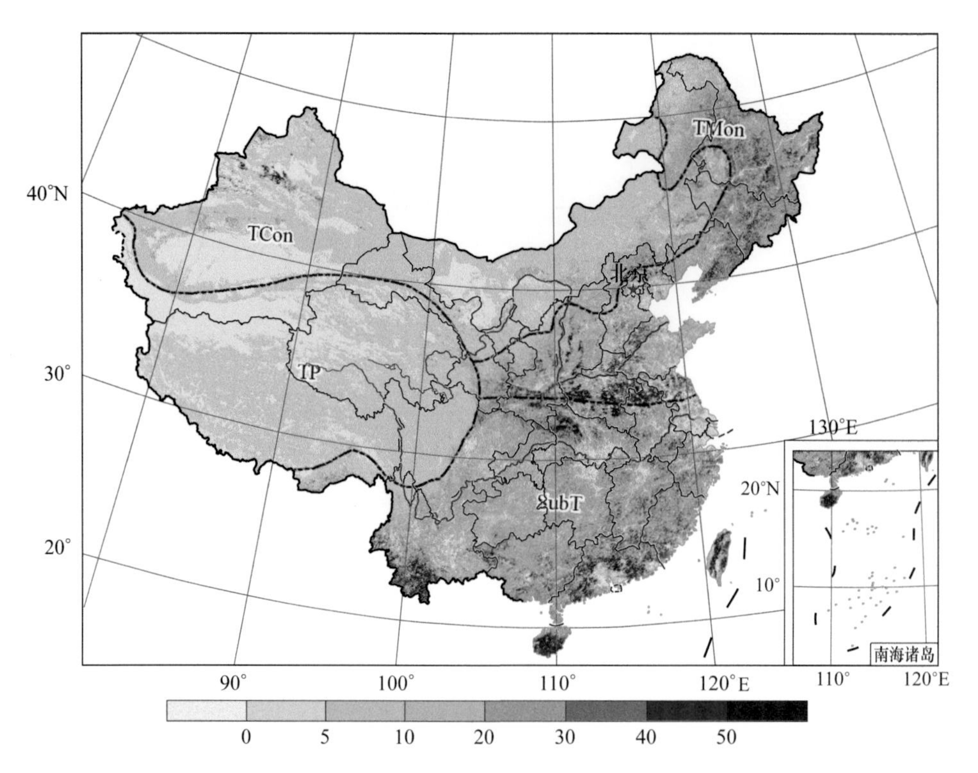

图 8.3　2000—2021 年 R_e 年际变化趋势的空间格局(单位:g C $m^{-2}a^{-1}$)

第 9 章　中国陆地生态系统净生态系统生产力时空分布特征

9.1　中国陆地生态系统净生态系统生产力空间分布

2000—2021 年中国陆地生态系统净生态系统生产力(NEP)的平均值为 90.44±22.30 g C $m^{-2}a^{-1}$，整体上为碳汇，强烈碳汇发生在中国南方及东南沿海部分地区，其次，在华中地区、华北地区碳汇也比较强烈，西南地区、青藏高原边界及东北部分地区是较弱的碳汇。内蒙古地区、西北地区及青藏地区基本上是碳源，但在呼伦贝尔地区、沿黄河地区及新疆西北部、西藏东南部等植被生长旺盛地区分布有小面积的碳汇。不同气候区的 NEP 也有显著差异，热带-亚热带季风区和温带季风区均表现出较高的 NEP 水平，分别达到 290.57±38.67 g C $m^{-2}a^{-1}$ 及 115.77±31.47 g C $m^{-2}a^{-1}$。这主要归因于这些地区充足的水分和热量资源供给以及有效的农田管理；温带大陆性气候区表现出较低的 NEP，为 14.60±7.42 g C $m^{-2}a^{-1}$；青藏高寒区的 NEP 为负值，为−68.79±20.17 g C $m^{-2}a^{-1}$。

2000—2021 年全国 NEP 总量约为 0.70±0.17 Pg C a^{-1}，不同气候区域的年 NEP 总量和均值均有显著差异。具体而言，热带-亚热带季风区的 NEP 最高，达到 0.62±0.08 Pg C a^{-1}，占全国总 R_e 的 89%。其次是温带季风区和青藏高寒区，R_e 分别为 0.20±0.05 Pg C a^{-1}、0.02±0.01 Pg C a^{-1}，占全国总 R_e 的 29%、3%；温带大陆性气候为碳源，NEP 为−0.15±0.04 Pg C a^{-1}。

不同生态系统的 NEP 年总量和平均 NEP 存在很大差异。混交林、灌丛、常绿阔叶林和落叶阔叶林单位面积碳汇最高，分别为 263.66±26.67 g C $m^{-2}a^{-1}$、250.98±31.6 g C $m^{-2}a^{-1}$、232.39±22.50 g C $m^{-2}a^{-1}$、212.34±20.28 g C $m^{-2}a^{-1}$；其次，农田、湿地、落叶阔叶林及高寒草甸亦为碳汇，分别为 168.58±36.97 g C $m^{-2}a^{-1}$、163.84±29.63 g C $m^{-2}a^{-1}$、107.05±30.85 g C $m^{-2}a^{-1}$、74.12±14.17 g C $m^{-2}a^{-1}$。草地、高寒草原、落叶针叶林为碳源，多年平均 NEP 分别为−15.98±17.35 g C $m^{-2}a^{-1}$、−32.35±3.03 g C $m^{-2}a^{-1}$、−82.72±30.827 g C $m^{-2}a^{-1}$(图 9.1)。

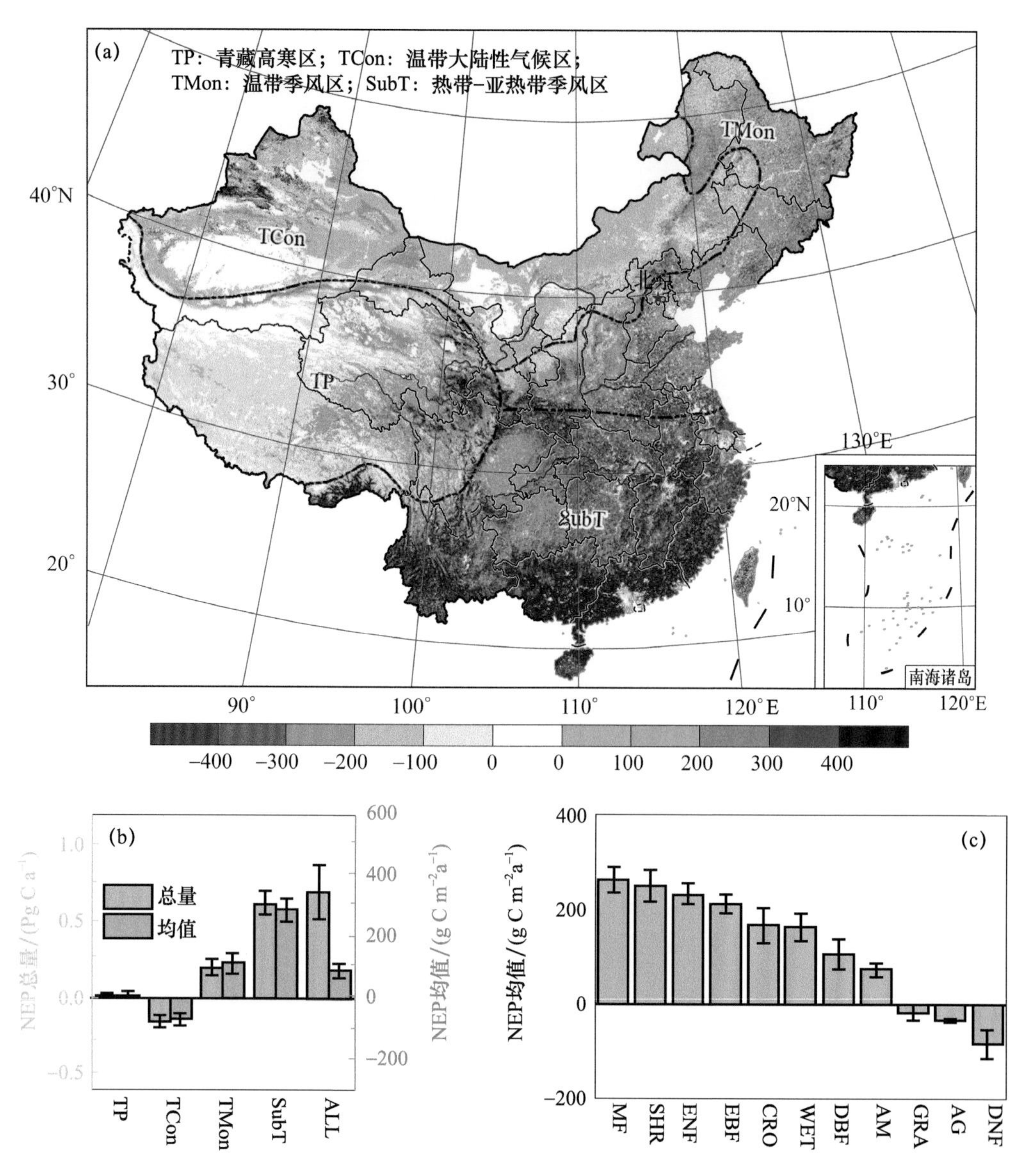

图 9.1　2000—2021 年中国陆地生态系统 NEP 多年平均值的空间统计

(a)多年均值空间格局(单位：g C $m^{-2}a^{-1}$)；(b)不同气候区 NEP 总量及均值；(c)不同植被类型年均 NEP

9.2　中国陆地生态系统净生态系统生产力时间动态

2000—2021 年中国陆地生态系统净生态系统生产力(NEP)年总量最大值为 0.89 Pg C a^{-1}，出现在 2018 年；NEP 年总量最小值为 0.26 Pg C a^{-1}，出现在 2000 年。2000—2021 年中国陆地生态系统 NEP 呈显著增加趋势，年均增加 22.43 Tg C a^{-1}($p<0.01$)。不同气候区，固碳变

化趋势均呈显著增加趋势，但增加速率存在一定差异，热带-亚热带季风区固碳增长速率最快，年均增加 10.37 Tg C a^{-1}，对全国固碳变化趋势的贡献率约为 46%；其次为温带大陆性气候区、温带季风区固碳增长速率较快，分别为 5.77 Tg C a^{-1}、5.08 Tg C a^{-1}，对全国固碳变化趋势的贡献率为 26%、23%；青藏高寒区固碳增加趋势较为缓慢，年均仅增加 1.21 Tg C a^{-1}（图 9.2）。

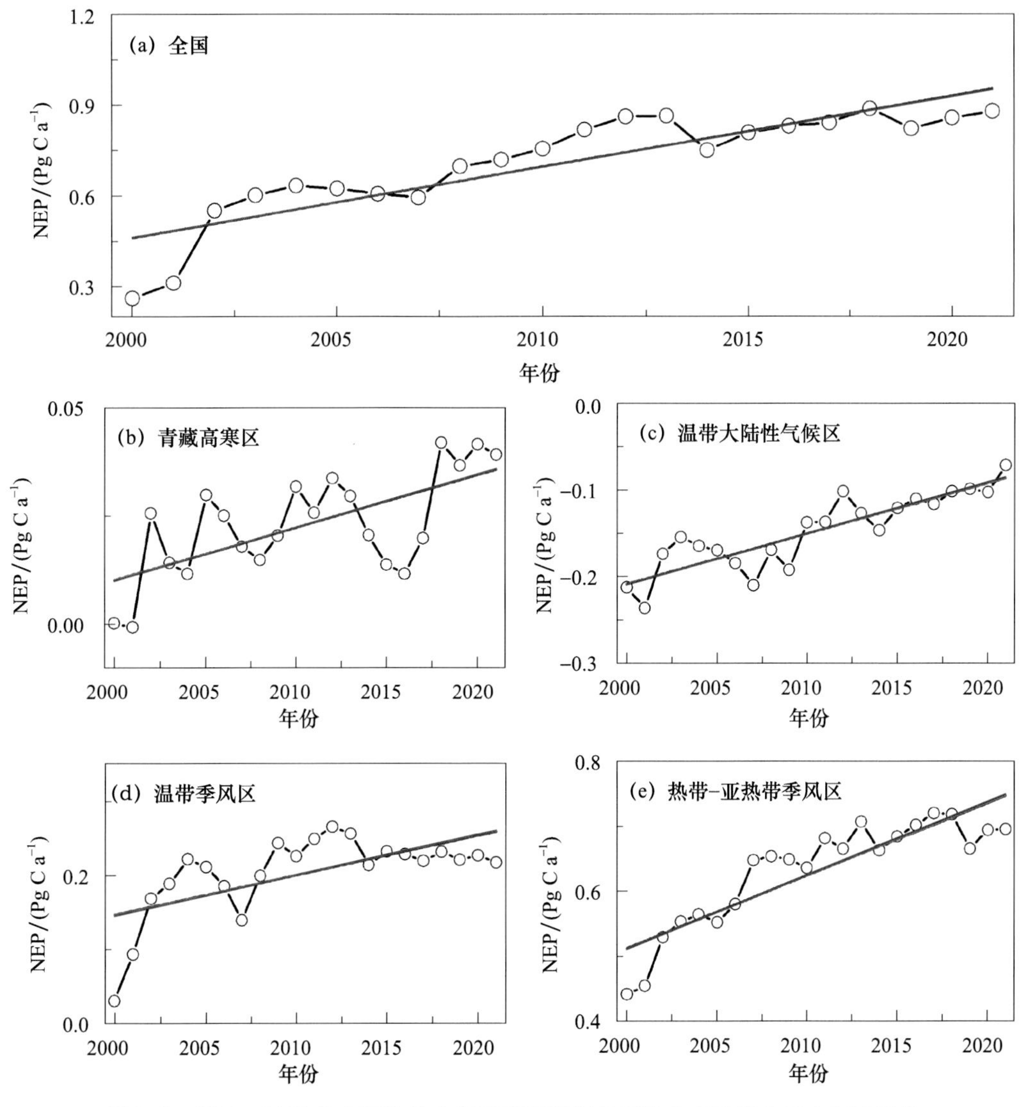

图 9.2　2000—2021 年中国陆地生态系统不同气候区净生态系统生产力年际变化

在空间尺度上，中国陆地生态系统超过 72%的地区 NEP 呈增加趋势，约 34%的地区呈显著增加趋势（$p<0.05$），主要分布在东部季风区，华南地区及黄土高原地区 NEP 增加最快，增速超过 10 g C $m^{-2}a^{-1}$；温带大陆性气候区中部及青藏高寒区西部部分地区 NEP 呈下降趋势，年均降低速率为 0～5 g C $m^{-2}a^{-1}$（图 9.3）。

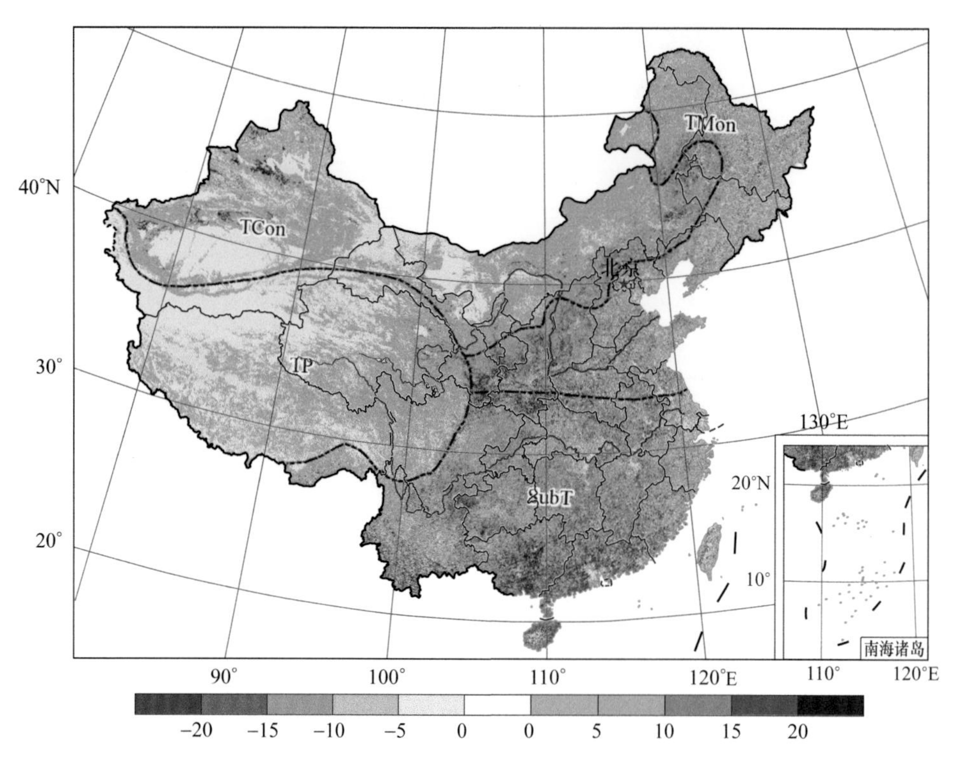

图 9.3 2000—2021 年 NEP 变化趋势的空间格局(单位:g C $m^{-2}a^{-1}$)

9.3 与其他模拟结果的比较

当前,植物生物量和土壤碳储量清单调查方法、碳通量观测方法、大气 CO_2浓度遥感反演方法以及生态系统模型方法等均被广泛用于区域和全球尺度生态系统碳收支研究之中(于贵瑞 等,2014)。由于每种技术和研究方法均存在时间和空间尺度的差异,都具有明显的劣势和优势,因此,采用不同研究方法对不同空间和时间尺度的陆地生态系统碳收支评估结果存在很大差异(于贵瑞 等,2006)。自 20 世纪 80 年代以来,一系列模型、方法被应用于中国陆地生态系统净生态系统生产力的研究,基于过程模型模拟的 NEP 为 0.06～0.21 Pg C a^{-1};基于地面清查资料的 NEP 为 0.096～0.45 Pg C a^{-1},与模型模拟 NEP 十分相近;同化系统 NEP 为 0.35±0.33 Pg C a^{-1},略高于模型模拟 NEP;基于中国地区 52 个遥感通量站点,采用气候地理统计评估方法计算的中国区域 NEP 为 1.91±0.15 Pg C a^{-1},显著高于其他方法。本研究模拟 NEP 总量为 0.70±0.17 Pg C a^{-1},高于过程模型及同化系统的模拟结果,主要是因为本研究基于遥感驱动,可以更好地捕捉到植被变绿对 NEP 的促进作用;在 2000—2001 年全国平均 NEP 为 0.29 Pg C a^{-1},模拟结果接近同化系统及过程模型模拟结果(表 9.1)。

表 9.1　本研究及已发表相关研究估算的中国陆地生态系统 NEP

方法	年份	NEP/(Pg C a^{-1})	参考文献
同化系统	2010—2015	0.43±0.09	He et al.,2022
	2010—2014	0.34±0.14	He et al.,2022
	2001—2010	0.33	Zhang et al.,2014
过程模型	1981—1990	0.07	Cao et al.,2004
	1990—2000	0.06	Cao et al.,2004
	1981—2000	0.1	Ji et al.,2008
	1981—2000	0.12	Sun,2009
	1961—2005	0.21	Tian et al.,2011
	1980—2002	0.173±0.039	Piao et al.,2009
	1982—2010	0.118±0.079	He et al.,2019
地面清查	1981—2000	0.096-0.106	Fang et al.,2007
	2006—2009	0.45	Jiang et al.,2016
通量观测	2000—2010	1.91±0.15	Zhu et al.,2007,2010
大气反演	2010—2016	1.11±0.38	Wang et al.,2020
	2006—2009	0.45	Jiang et al.,2016
本研究	2000—2021	0.70±0.17	本研究

第 10 章　青藏高原碳通量时空格局分析

青藏高原为亚洲内陆高原，平均海拔 4000 m，是中国最大、世界海拔最高的高原，被称为“世界屋脊”“第三极”。南起喜马拉雅山脉南缘，北至昆仑山、阿尔金山脉和祁连山北缘，西部为帕米尔高原和喀喇昆仑山脉，东及东北部与秦岭山脉西段和黄土高原相接。青藏高原总面积约为 262 万平方千米，包括青海省、西藏自治区全域以及云南省、四川省和甘肃省部分区域。高原生态系统既是全球变化敏感区，也是中国生态工程的重点实施区域(Piao et al.，2009，2012)，有望对中国实现“碳中和”目标产生重要贡献。因此，揭示高原陆地生态系统碳通量的时空格局，将为制定有针对性地减排增汇政策提供重要的科学依据。

10.1　青藏高原土地利用覆被

由于高原生态系统长期处于寒冷和干旱的气候背景下，自然植被主要以草地为主(Zhang et al.，2005，2006a，2006b，2008，2009，2014)。其中，高寒草原占青藏高原总面积的 65.1%，高寒草甸占青藏高原总面积的 24.0%。森林仅分布在高原东南部及东部边缘地区，约占青藏高原的 6.9%。灌丛主要分布在森林与草原之间，约占青藏高原的 3.3%。农田面积很少，仅覆盖青藏高原的 0.7%(图 10.1)。

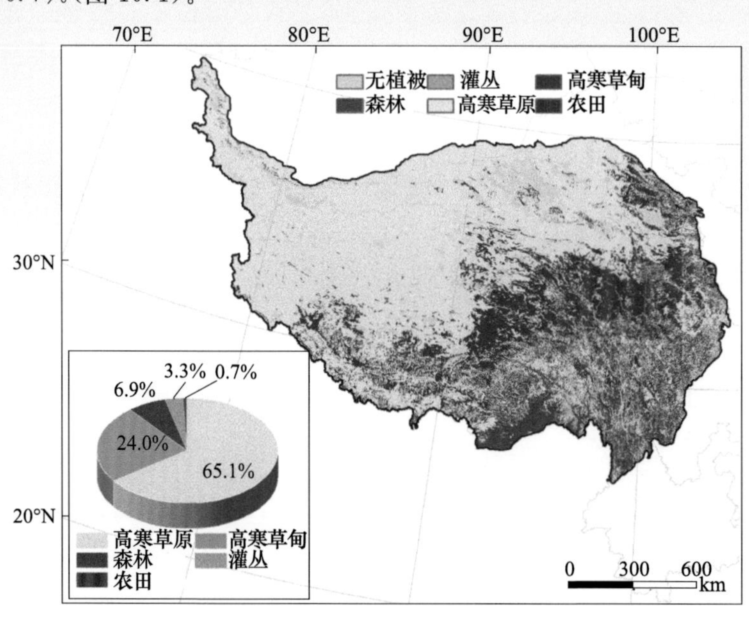

图 10.1　青藏高原土地利用覆被

10.2　青藏高原碳通量空间格局

10.2.1　总初级生产力空间格局

青藏高原 GPP 的多年平均值为 158.82±12.71 g C $m^{-2}a^{-1}$，整体呈东高西低的空间分布格局。GPP 高值区主要位于青藏高原东部及东南部，这些地区海拔相对较低且受夏季风影响，自然植被类型以森林、高寒草甸及灌丛等为主，多年平均 GPP 大于 300 g C $m^{-2}a^{-1}$。GPP 低值区主要集中在青藏高原西部，该地区主要植被为高寒草原，自然植被稀疏，GPP 不足 50 g C $m^{-2}a^{-1}$。此外，青藏高原西北部分布有大面积的无植被地区，GPP 估算值为 0。不同生态系统类型的平均 GPP 存在较大的差异。农田具有相对较高的单位面积 GPP 值，为 535.11±63.53 g C $m^{-2}a^{-1}$。自然生态系统中，森林具有较高的单位面积 GPP 值，为 467.89±40.74 g C $m^{-2}a^{-1}$；高寒草原单位面积 GPP 最低，仅为 72.48±6.85 g C $m^{-2}a^{-1}$；高寒草甸单位面积 GPP 显著高于高寒草原，约为 170.31±21.67 g C $m^{-2}a^{-1}$。

2000—2021 年青藏高原 GPP 多年平均总量为 255.70±29.12 Tg C a^{-1}，高寒草甸、森林及高寒草原 GPP 总量较高，分别为 86.06±12.18 Tg C a^{-1}、74.30±6.57 Tg C a^{-1}、62.37±9.46 Tg C a^{-1}；农田 GPP 总量最低，仅为 7.98±0.95 Tg C a^{-1}（图 10.2）。

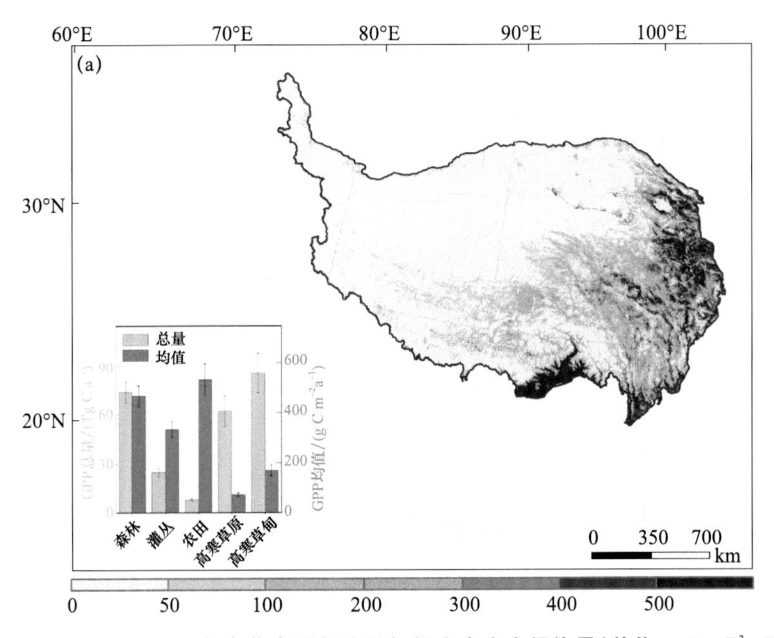

图 10.2　2000—2021 年青藏高原年均总初级生产力空间格局（单位：g C m^{-2} a^{-1}）

10.2.2 生态系统呼吸空间格局

青藏高原 R_e 的多年平均值为 134.29±7.44 g C $m^{-2}a^{-1}$，高原中部 R_e 较低，东南部、东部及北部边缘 R_e 相对较高，为 R_e 高值区主要位于青藏高原东南部，这些地区海拔相对较低，自然植被类型以森林为主，多年平均 R_e 大于 500 g C $m^{-2}a^{-1}$；青藏高原东部及北部边缘 R_e 相对较高，为 200～500 g C $m^{-2}a^{-1}$。R_e 低值区主要集中在青藏高原中部，该地区主要植被为高寒草原，自然植被稀疏，R_e 不足 100 g C $m^{-2}a^{-1}$。此外，青藏高原西北部分布有大面积的无植被地区，R_e 估算值为 0。不同生态系统类型的平均 R_e 存在较大的差异。森林及农田具有相对较高的单位面积 R_e 值，分别为 297.93±25.60 g C $m^{-2}a^{-1}$、286.43±25.66 g C $m^{-2}a^{-1}$。高寒草甸单位面积 R_e 最低，为 92.70±8.12 g C $m^{-2}a^{-1}$，高寒草原单位面积 R_e 显著高于高寒草甸，约为 121.89±4.79 g C $m^{-2}a^{-1}$。

2000—2021 年青藏高原 R_e 多年平均总量为 216.46±19.78 Tg C a^{-1}，高寒草原 R_e 总量最高，为 104.57±10.39 Tg C a^{-1}；森林及高寒草甸 R_e 相对较高，分别为 47.31±4.14 Tg C a^{-1}、46.82±4.79 Tg C a^{-1}；农田 R_e 总量最低，仅为 4.27±0.38 Tg C a^{-1}（图 10.3）。

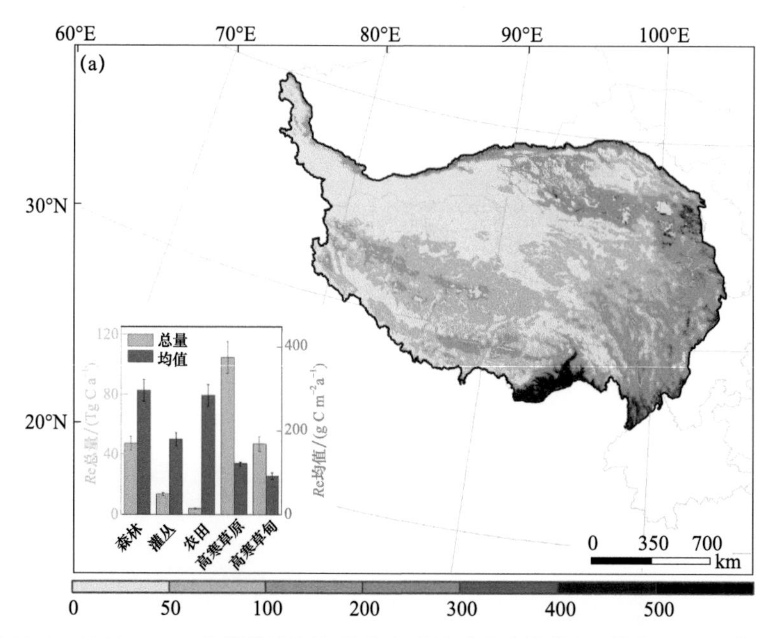

图 10.3 2000—2021 年青藏高原年均生态系统呼吸空间格局（单位：g C m^{-2} a^{-1}）

10.2.3 净生态系统生产力空间格局

青藏高原整体是一个碳汇。NEP 多年平均值为 24.23±6.93 g C $m^{-2}a^{-1}$，青藏高原东部为显著碳汇，NEP 高于 100 g C $m^{-2}a^{-1}$；中西部及北部为碳源，NEP 低于 0，特别是北部部分地区 NEP 低于−200 g C $m^{-2}a^{-1}$。不同生态系统类型的平均 NEP 存在较大的差异，农田单位面积碳汇最高，为 248.69±41.20 g C $m^{-2}a^{-1}$；自然植被中，森林碳汇最高，为

169.96±17.42 g C $m^{-2}a^{-1}$，其次分别为灌丛(153.49±18.66 g C $m^{-2}a^{-1}$)和高寒草甸(77.62±14.77 g C $m^{-2}a^{-1}$)；高寒草原是一个碳源，单位面积碳源为−49.40±4.33 g C $m^{-2}a^{-1}$。

2000—2021 年青藏高原 NEP 总量多年均值为 39.23±12.01 Tg C a^{-1}，高寒草甸 NEP 总量最高，为 39.25±7.96 Tg C a^{-1}；森林及灌丛 NEP 总量相对较高，分别为 26.99±2.79 Tg C a^{-1}、11.49±1.43 Tg C a^{-1}。高寒草原为碳源，NEP 总量为−42.20±3.45 Tg C a^{-1}(图 10.4)。

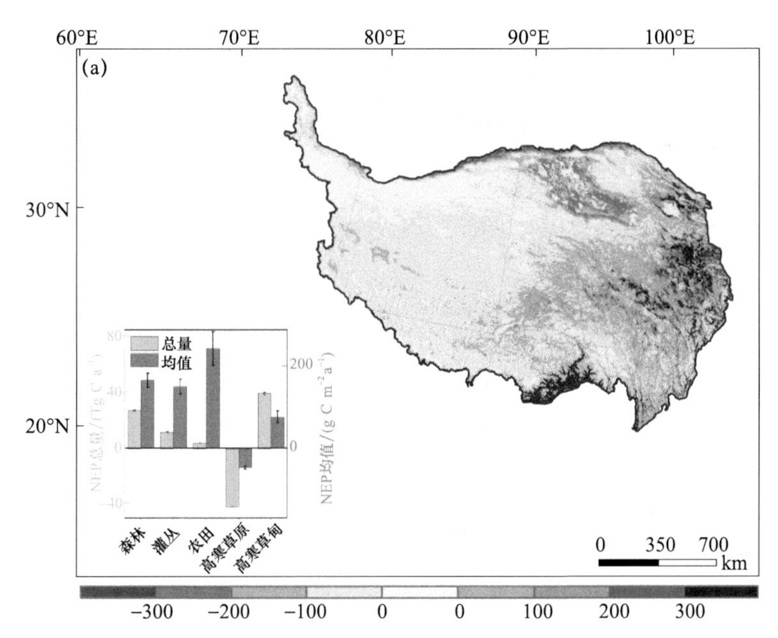

图 10.4　2000—2021 年青藏高原年均净生态系统生产力空间格局(单位：g C m^{-2} a^{-1})

10.3　青藏高原碳通量年际变化趋势

10.3.1　总初级生产力年际变化趋势

2000—2021 年青藏高原 GPP 年总量最大值为 301.70 Tg C a^{-1}，出现在 2021 年；最小值为 198.36 Tg C a^{-1}，出现在 2000 年；2000—2021 年青藏高原陆地生态系统 GPP 总量整体呈显著上升趋势($p<0.01$)，年均显著增加 3.48 Tg C a^{-1}，相比于多年平均 GPP，每年约增加 1.36%。不同植被类型 GPP 均呈显著增加趋势，其中高寒草原及高寒草甸 GPP 增加速率较快，年均分别增加 1.19 Tg C a^{-1}、1.13 Tg C a^{-1}；其次分别为森林(0.72 Tg C a^{-1})、灌丛(0.31 Tg C a^{-1})及草地(0.13 Tg C a^{-1})。与各植被类型多年平均 GPP 总量进行比较，以获取 GPP 每年增加的百分比，发现高寒草原 GPP 增加速率最快，每年增加 1.91%，其次为农田(1.57%)、高寒草甸(1.32%)、灌丛(1.24%)及森林(0.97%)。

在空间尺度上，青藏高原超过 95%的地区 GPP 呈增加趋势，约 69%的地区呈显著增加趋势($p<0.05$),植被生长本底条件较好的青藏高原东部及东南部 GPP 增加最快,增速超过 12 g C $m^{-2}a^{-1}$;GPP 较低的青藏高原中西部 GPP 增速较慢,年均增速低于 4 g C $m^{-2}a^{-1}$。此外,青藏高原陆地生态系统约 5%的地区 GPP 呈下降趋势,分布较为零散(图 10.5)。

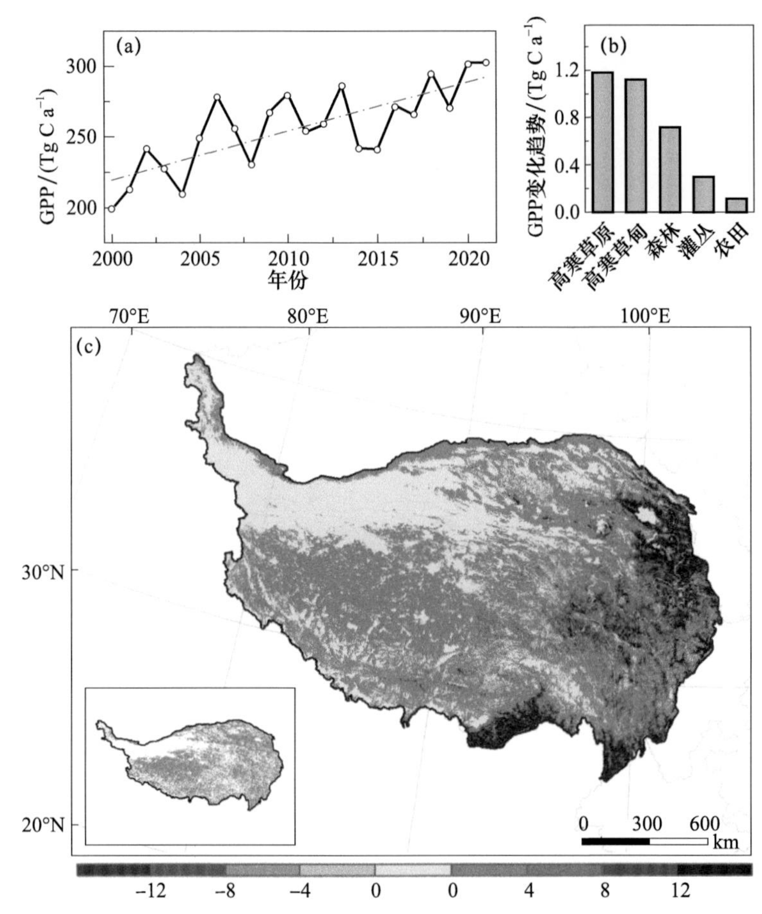

图 10.5　2000—2021 年青藏高原总初级生产力年际变化趋势

(a)全区年际变化趋势;(b)不同类型变化趋势;(c)变化趋势空间格局(单位:g C $m^{-2}a^{-1}$)

注:图(c)左下角小图表征变化显著性水平,绿色表示显著增加,红色表示显著降低。

10.3.2　生态系统呼吸年际变化趋势

2000—2021 年青藏高原 R_e 年总量最大值为 247.03 Tg C a^{-1},出现在 2021 年;最小值为 185.55 Tg C a^{-1},出现在 2000 年;2000—2021 年青藏高原陆地生态系统 R_e 总量整体呈显著上升趋势($p<0.01$),年均显著增加 2.29 Tg C a^{-1},相比于多年平均 R_e,每年约增加 1.06%。不同植被类型 R_e 均呈显著增加趋势,其中高寒草原 R_e 增加速率最快,年均增加 1.18 Tg C a^{-1};其次分别为森林(0.47 Tg C a^{-1})、高寒草甸(0.45 Tg C a^{-1})、灌丛(0.14 Tg C a^{-1})及农田(0.05 Tg C a^{-1})。与各植被类型多年平均 GPP 总量进行比较,以获取 GPP 每年增加的百分比,发现农田 GPP 增加速率最快,每年增加 1.15%,其次为高寒草原(1.13%)、灌丛

(1.02%)、森林(1.00%)及高寒草甸(0.96%)。

在空间尺度上,青藏高原超过 98%的地区 GPP 呈增加趋势,约 63%的地区呈显著增加趋势($p<0.05$),青藏高原东部及东南部 GPP 增加最快,增速超过 6 g C $m^{-2}a^{-1}$;GPP 较低的高原中西部 GPP 增速较慢,年均增速低于 2 g C $m^{-2}a^{-1}$。此外,青藏高原陆地生态系统约 2%的地区 GPP 呈下降趋势,零散分布在高原北部及西部(图 10.6)。

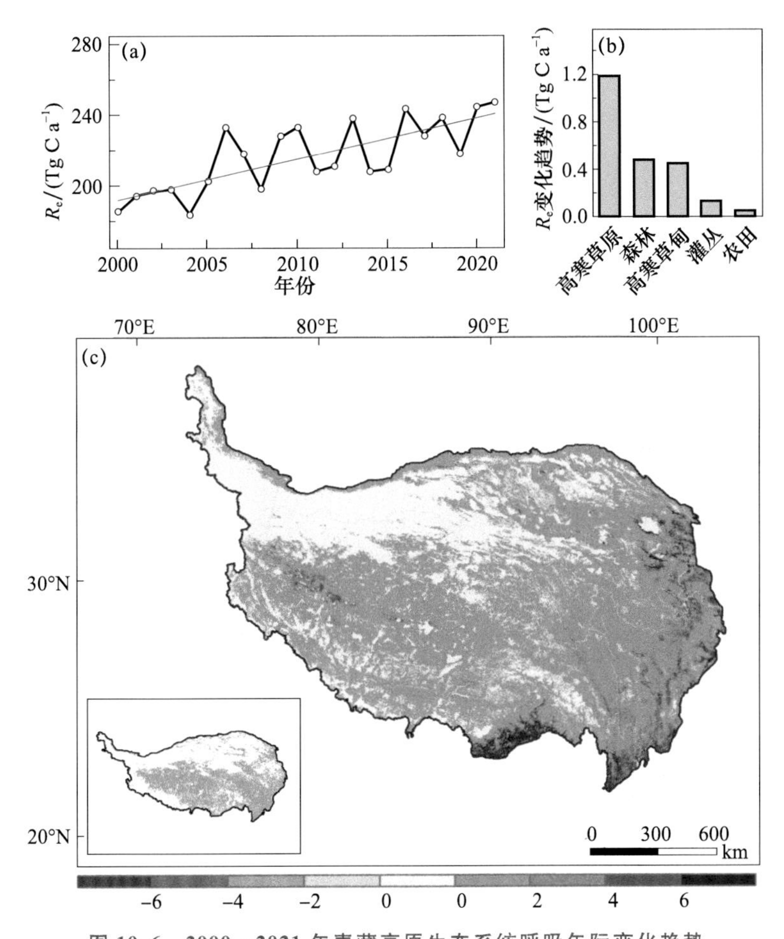

图 10.6　2000—2021 年青藏高原生态系统呼吸年际变化趋势

(a)全区年际变化趋势;(b)不同类型变化趋势;(c)变化趋势空间格局(单位:g C $m^{-2}a^{-1}$)

注:图(c)左下角小图表征变化显著性水平,绿色表示显著增加,红色表示显著降低。

10.3.3　净生态系统生产力年际变化趋势

2000—2021 年青藏高原 NEP 年总量最大值为 57.23 Tg C a^{-1},出现在 2020 年;最小值为 12.82 Tg C a^{-1},出现在 2000 年;2000—2021 年中国陆地生态系统 NEP 总量整体呈显著上升趋势($p<0.01$),年均显著增加 1.18 Tg C a^{-1},相比于多年平均 NEP,每年约增加 3.03%。高寒草甸、森林、灌丛、农田的 NEP 呈显著增加趋势($p<0.01$),其中高寒草甸 NEP 增加速率最快,年均增加 0.68 Tg C a^{-1},其次分别为森林(0.25 Tg C a^{-1})、灌丛(0.17 Tg C a^{-1})、农田

(0.08 Tg C a^{-1});高寒草原 NEP 无显著变化趋势。

在空间尺度上,青藏高原超过 70%的地区 NEP 呈增加趋势,约 27%的地区呈显著增加趋势($p<0.05$),青藏高原东部及东南部 NEP 增加最快,增速超过 6 g C $m^{-2}a^{-1}$;青藏高原中西部 NEP 增速较慢,年均增速低于 2 g C $m^{-2}a^{-1}$。此外,青藏高原陆地生态系统约 30%的地区 GPP 呈下降趋势,主要呈线性分布在青藏高原中西部及北部地区(图 10.7)。

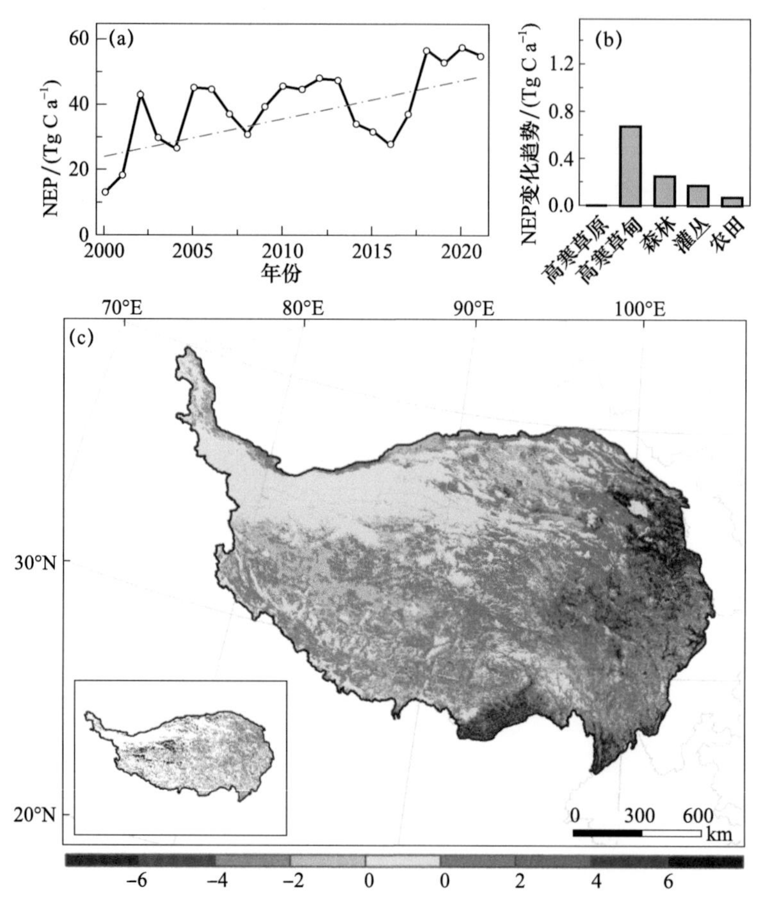

图 10.7　2000—2021 年青藏高原净生态系统生产力年际变化趋势

(a)全区年际变化趋势;(b)不同类型变化趋势;(c)变化趋势空间格局(单位:g C $m^{-2}a^{-1}$)

注:图(c)左下角小图表征变化显著性水平,绿色表示显著增加,红色表示显著降低。

10.4　与其他模拟结果的比较

研究人员针对青藏高原碳汇做了大量工作,目前得出的普遍结论是高原陆地生态系统总体表现为碳汇(Piao et al.,2009;Wang et al.,2023;He et al.,2019)。高原生态系统碳汇估算由于方法的不同存在较大差异,见表 10.1。其中,清查法估算的高原生态系统碳汇为 33.12~34.3 Tg C a^{-1}(Piao et al.,2009;Wang et al.,2023);基于生态系统过程模型模拟的结果与清查法估算结果大致相当，为 17.00～37.40 Tg C a^{-1}（Piao et al.，2009，2012；Wang et al.，2023；He et al.，2019；Zhuang et al.，2010）；基于大气反演的结果差异较大，为 26.40～165.00 Tg C a^{-1}（Piao et al.，2009；Wang et al.，2020，2023），不同研究的结果能相差一个数量级；涡度相关方法估算的是净生态系统生产力，其测定的下垫面绝大部分均为高寒草地。通过站点尺度通量监测数据估算出高原净生态系统生产力高达 130 Tg C a^{-1}（Yao et al.，2018）。值得注意的是，大部分通量监测站点处在草地植被生长状况较好的区域，然而目前高原有相当大比例的草地处于不同程度的退化之中，不能简单地利用不同类型高寒草地的站点平均碳通量与其对应面积来推算高原净生态系统生产力。本研究估算青藏高原碳汇为 39.23±12.01 Tg C a^{-1}，略高于过程模型及清查法的模拟结果，主要原因有两点：①研究时段差异，本研究关注 2000—2021 年陆地生态系统碳汇，青藏高原碳汇呈显著增加趋势，2010—2021 年较高的碳汇导致多年平均碳汇较高；若仅考虑 2000—2010 年，本研究模拟碳汇为 33.90 Tg C a^{-1}，与相关研究基本一致。②本研究采用遥感模型反演陆地生态系统碳汇，可以更好地捕捉到植被变化对碳汇的影响。近年来，青藏高原显著变绿，遥感数据可以很好地捕捉到对植被碳吸收的促进作用。

表 10.1　不同方法估算的高原陆地生态系统碳汇大小

估算方法	青藏高原碳汇/(Tg C a^{-1})	时间段	参考文献
清查法	34.30	1980s，1990s	Piao et al.，2009
	33.12	2000—2015 年	Wang et al.，2023
生态系统过程模型	23.40	1980s，1990s	Piao et al.，2009
	37.40	2000—2015 年	Wang et al.，2023
	17.00	1982—2010 年	He et al.，2019
	35.80	2000s	Zhuang et al.，2010
	21.80	2000s	Piao et al.，2012
大气反演	26.40	1980s，1990s	Piao et al.，2009
	37.84	2000—2015 年	Wang et al.，2023
	165.00	2009—2016 年	Wang et al.，2020
涡度相关	130.00	2003—2009 年	Wei et al.，2021
	10.20	2006—2011	Jin et al.，2015
	16.30	2005—2015	Yao et al.，2018
CBD	39.23±12.01	2000—2021	本研究

第 11 章　从中分辨率到高分辨率的生态系统生产力遥感估算

大范围、高精度的生产力遥感监测依赖于高时空分辨率的遥感数据，单纯依靠由单一类型传感器数据获取的高时相或者高空间分辨率的遥感数据都不能满足清晰掌握精细尺度上植被生长动态的需求。全球免费提供的空间分辨率 250～1000 m 的 MODIS 数据和空间分辨率 30 m 的 Landsat 数据是植被动态监测普遍应用的数据源，针对应用 MODIS 数据估算的生产力空间分辨率较低而 Landsat 卫星重访周期长的局限性，本研究以 NPP 为例，基于空间分辨率 30 m 的 Landsat8 OLI 及 Landsat5 TM 数据与空间分辨率 500 m 的 MODIS 数据，在农田生态系统进行高分辨率 NPP 模拟试验，并进一步验证该方法对高标准农田建设成效的监测能力。针对适用时间尺度、空间尺度及预测性的要求，本书探索开发了三种降尺度模式，即简单拟合方法、时序拟合方法及多源遥感数据时空融合方法（牛忠恩 等，2016）。

11.1　简单拟合方法

首先，中分辨率的植被生产力（以 NPP 为例）与植被指数（以 EVI 为例）之间呈线性相关，基于此，可以构建两者的线性函数，然后，将构建的函数应用于高分辨率植被指数数据，计算得到高分辨率植被生产力。具体步骤如下。

（1）纯像元提取

对植被类型图进行重采样，使之与 Landsat 数据计算所得植被指数一一对应。然后依据植被覆盖类型图，逐像元判断 NPP 是否为纯像元，若一个 NPP 像元范围所对应的植被类型是相同的，那么视该 NPP 为纯像元，之后计算该 NPP 像元对应的 EVI 像元的平均值（EVI_{mean}），EVI_{mean} 与该 NPP 的像元值作为一组数据（图 11.1）。

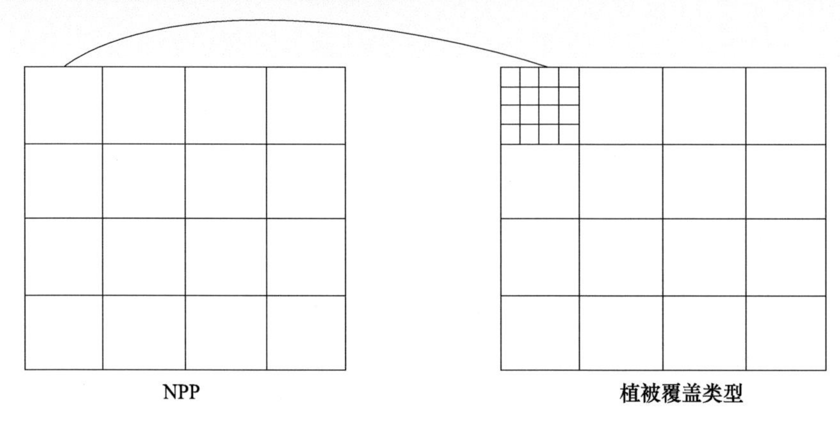

图 11.1　纯像元提取

(2)构建相关函数

通过纯像元提取每种植被类型,分别获得若干组数据,这些数据作为输入数据,使用 ENVI/IDL 的 linfit 函数进行线性拟合,分别得到每种植被类型 EVI_{mean} 与 NPP 之间拟合公式:

$$NPP_d = a \times EVI_{mean} + b \tag{11.1}$$

式中,NPP_d 为纯像元的植被生产力,EVI_{mean} 为纯像元对应的 EVI 的平均值,a、b 为待拟合参数。

(3)高分辨率生产力计算

基于拟合所得参数及 Landsat 数据计算的高分辨率植被指数($EVI_{landsat}$),计算高分辨率的植被生产力:

$$NPP_g = a \times EVI_{landsat} + b \tag{11.2}$$

式中,NPP_g 为计算所得高分辨率植被生产力,$EVI_{landsat}$ 为基于 Landsat 数据的 EVI 数据,a、b 为拟合参数。

11.2　时序拟合方法

简单拟合方法的计算过程依赖中分辨率的植被生产力数据,中分辨率生产力的计算具有一定的滞后性,因此,不能满足植被生长过程中快速、高效、实时监测及可预测的要求。为满足上述要求,本研究基于以下假设对简单拟合方法进行了改进,即同一地区不同年份的植被类型是不变的,即植被生产力的变化趋势及规律是恒定的。具体方法如下。

(1)纯像元提取

与 11.1 节中“纯像元提取”方法相同。

(2)构建相关函数

选取基于 CBD 模型利用 MODIS 数据计算的时序低分辨率生产力数据作为基准数据(用 t_1 年表示)。通过纯像元提取,每种植被类型分别获得若干组数据,这些数据作为输入数据,使用 ENVI/IDL 的 linfit 函数进行线性拟合,分别得到每种植被类型 EVI 与对应时序 NPP 之间拟合公式:

$$mNPP_{mean}(t_1, k_1) = a \times EVI_{mean}(t_1, k_1) + b \tag{11.3}$$

式中,$EVI_{mean}(t_1, k_1)$为 t_1 年 k_1 天纯像元对应的 EVI 的平均值,$mNPP_{mean}(t_1, k_1)$为 t_1 年 k_1 天纯像元的植被生产力,a、b 为待拟合参数。

(3)高分辨率生产力计算

基于上述拟合所得参数 a、b,计算待拟合年份(用 t_2 表示)与所用 Landsat 数据相对应的 8 天尺度的 $mNPP(t_2, k_2)$,公式如下:

$$mNPP_{30}(t_2, k_2) = a \times EVI_{30}(t_2, k_2) + b \tag{11.4}$$

式中,$mNPP_{30}(t_2, k_2)$为计算所得 t_2 年 k_2 天高分辨率植被生产力,$EVI_{30}(t_2, k_2)$为基于 Landsat 数据计算的 t_2 年 k_2 天的 EVI,a、b 为拟合所得参数。

基于同一地区不同年份的植被类型是不变的假设,不同年份植被生长趋势相同,已知 t_1

年时序低分辨率生产力数据及 t_2 年 k_2 天的高分辨率生产力数据，基于同一地区不同年份的植被类型是不变的假设，可得下列公式：

$$\frac{m\mathrm{NPP}_{500}(t_1,k_2)}{m\mathrm{NPP}_{500}(t_1,i)}=\frac{m\mathrm{NPP}_{30}(t_2,k_2)}{m\mathrm{NPP}_{30}(t_2,i)} \quad i\in[1\sim365] \tag{11.5}$$

式中：$m\mathrm{NPP}_{500}(t_1,k_2)$为 t_1 年 k_2 天的植被生产力；$m\mathrm{NPP}_{30}(t_2,k_2)$为 t_2 年 k_2 天的植被生产力；$m\mathrm{NPP}_{500}(t_1,i)$为 t_1 年 i 天的植被生产力；$m\mathrm{NPP}_{30}(t_2,i)$为待计算的 t_2 年 i 天的高分辨率生产力；i 为变量，表示 1～365 的任意一天。

基于上述方法可计算得到 t_2 年时序高分辨率植被生产力，累加可得到 t_2 年总植被生产力。

11.3 多源遥感数据时空融合方法

ESTARFM 方法基于 t_m 及 t_n 时刻获取的 MODIS 和 OLI 影像及 t_p 时刻的 MODIS 影像，通过计算像元间空间分布及像元反射率等的差异，模拟预测 t_p 时刻高空间分辨率的数据（t_p 位于 t_m 与 t_n 之间）(Zhu et al.，2010)，见图 11.2。以预测像元为中心选取滑动窗口并利用相似像元权重值及相关系数确定中心像元的预测值，公式如下：

$$\begin{aligned}L(x_{w/2},y_{w/2},t_p)=L(x_{w/2},y_{w/2},t_\mathrm{k})+\sum_{i=1}^{N}W_i\times V_i\times \\ (M(x_i,y_i,t_p)-M(x_i,y_i,t_k))\,(k=m、n)\end{aligned} \tag{11.6}$$

式中：w 为滑动窗口宽度；N 为滑动窗口内相似像元个数；$(x_{w/2},y_{w/2})$ 为中心像元；(x_i,y_i) 为相似像元位置；W_i 为相似像元权重；V_i 是相似像元的转换系数，滑动窗口内单个 MODIS 像元内的相似像元做线性回归方程，得到转换系数。若一个 MODIS 像元仅部分在滑动窗口内，则使用整个 MODIS 像元范围内的相似像元计算转换系数，但仅滑动窗口内的相似像元用于中心像元反射率的计算。邻近像元中与中心像元具有相同土地覆被类型的像元被称为相似像元。

相似像元权重受相似像元与中心像元间空间距离和光谱相似性的影响，空间距离越近，光谱相似性越高，其权重值越高。光谱相似性由 OLI 相似像元及其对应的 MODIS 像元之间的相关关系确定。

$$R_i=\frac{E[(L_i-E(L_i))(M_i-E(M_i))]}{\sqrt{D(L_i)}\times\sqrt{D(M_i)}} \tag{11.7}$$

相似像元与中心像元的距离因子 d_i：

$$d_i=1+\sqrt{(x_{w/2}-x_i)^2+(y_{w/2}-y_i)^2}/(w/2) \tag{11.8}$$

式中，R_i 是 Landsat 相似像元与相应 MODIS 像元的光谱距离，L_i、M_i 是 t_m、t_n 时刻 Landsat 影像与 MODIS 影像的光谱向量，E 为预期值，$D(L_i)$、$D(M_i)$是 L_i、M_i 的方差。

使用指数 D 表示光谱距离和时间距离，指数 D 越大，对中心像元反射率变化的影响越小，因此，进行归一化处理：

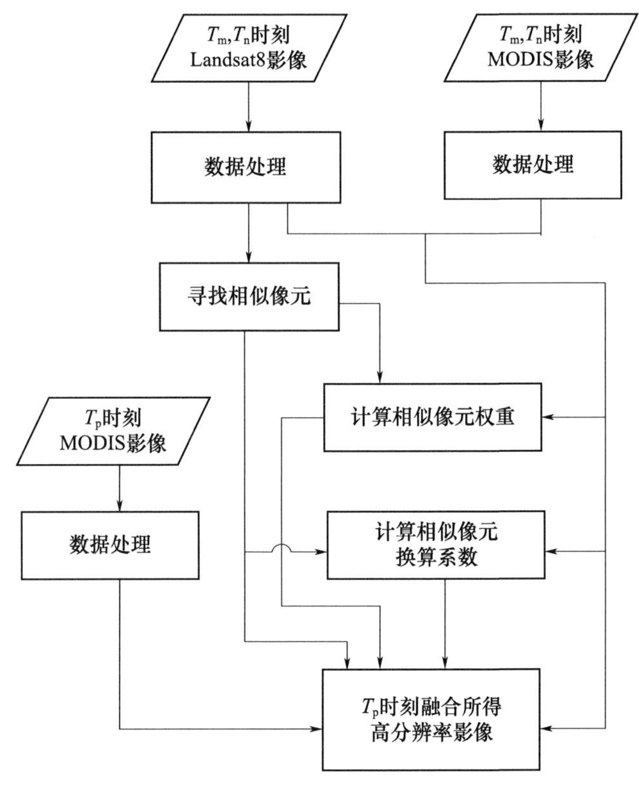

图 11.2　ESTARFM 技术路线

$$D_i = (1 - R_i) \times d_i \tag{11.9}$$

$$W_i = (1/D_i) / \sum_{i=1}^{N} (1/D_i) \tag{11.10}$$

式中：W_i 的范围是 0 到 1，所有相似像元的权重和是 1。

计算出权重 W_i 之后，利用 t_m、t_n 时刻的 Landsat、MODIS 影像及 t_p 时刻的 MODIS 影像可分别计算出 t_p 时刻的高分辨率反射率影像，用 $L_m(x_{w/2}, y_{w/2}, t_p)$ 、$L_n(x_{w/2}, y_{w/2}, t_p)$ 表示。t_m、t_n 时刻与 t_p 时刻 MODIS 影像反射率的差异可用于计算时间权重。

$$T_k = \frac{1/\left|\sum_{j=1}^{w}\sum_{l=1}^{w} M(x_j, y_l, t_k) - \sum_{j=1}^{w}\sum_{l=1}^{w} M(x_j, y_l, t_p)\right|}{\sum_{k=mn}\left(1/\left|\sum_{j=1}^{w}\sum_{l=1}^{w} M(x_j, y_l, t_k) - \sum_{j=1}^{w}\sum_{l=1}^{w} M(x_j, y_l, t_p)\right|\right)} \quad (k = m, n) \tag{11.11}$$

最后，t_p 时刻高空间分辨率影像用下列公式计算：

$$L(x_{w/2}, y_{w/2}, t_p) = T_m \times L_m(x_{w/2}, y_{w/2}, t_p) + T_n \times L_n(x_{w/2}, y_{w/2}, t_p) \tag{11.12}$$

11.4　不同降尺度方法的比较

简单拟合方法、时序拟合方法及多源遥感数据时空融合方法，各自具有独特的特点和适用范围，在实际应用中需要结合具体要求进行选择。由于目前研究中三种降尺度方法的研究区域不一致，且前期数据准备极为繁杂，因此，本研究暂未进行三种方法的对比研究，后续研究将着重加强这一方面的探索(表 11.1)。

表 11.1 三种降尺度研究方法的特点

	简单拟合方法	时序拟合方法	多源遥感数据时空融合方法
算法难易	简单	较复杂	十分复杂
时间尺度	1 年	8 天	8 天
适用范围	大区域	大区域	小区域
预测性	不可预测	可预测	不可预测

第 12 章　高分辨率生产力估算应用案例

12.1　遥感数据融合精度

为验证采用 ESTARFM 方法融合 MODIS 数据与 OLI 数据生成的 EVI、LSWI 时间序列数据的精度，我们首先利用 2013 年第 254 天及第 309 天的 MODIS 和 OLI 数据进行融合，计算第 277 天的植被指数，然后与第 277 天的基于 OLI 数据的 EVI、LSWI 进行比较。图 12.1 中 *a*、*b*、*c*（*d*、*e*、*f*）分别为同一时间基于 MODIS 影像、OLI 影像及 ESTARFM 方法融合的 EVI(LSWI) 数据。融合 EVI、LSWI 与基于 MODIS 数据的 EVI、LSWI 相比，空间分辨率显著提高，具有良好的空间细节信息，可以表现出较小地物的空间差异；与基于 OLI 数据的 EVI、LSWI 相比，都具有良好的空间分辨率且空间分布趋势基本一致。

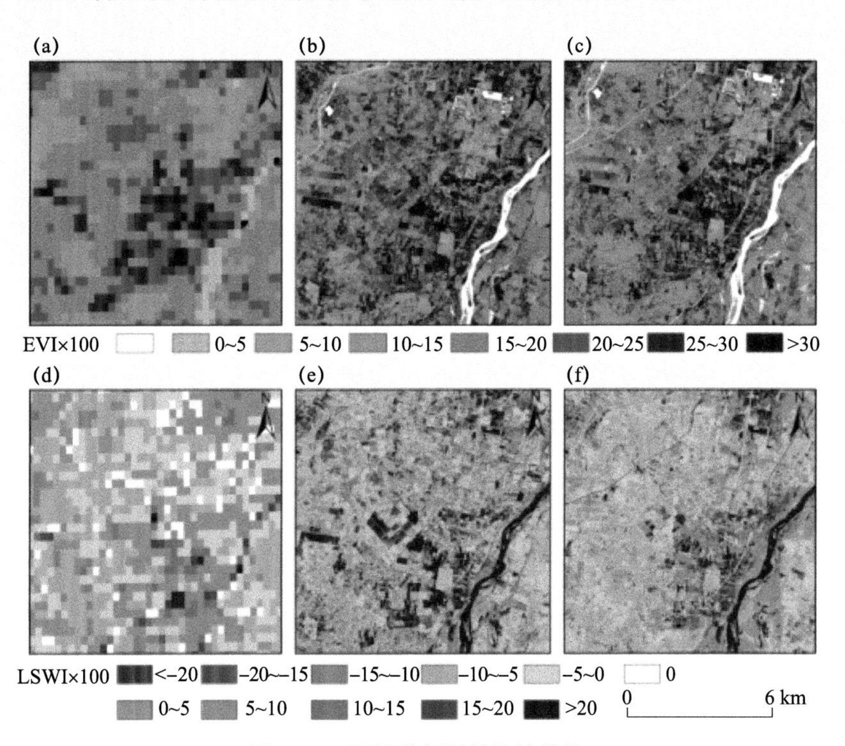

图 12.1　不同数据源的植被指数

(a)、(b)、(c)分别为基于 MODIS、OLI 及 ESTARFM 融合的 EVI 数据；
(d)、(e)、(f)分别为基于 MODIS、OLI 及 ESTARFM 融合的 LSWI 数据

EVI(LSWI)的融合数据与基于 OLI 影像的计算数据相比，平均值之差为 0.02(0.02)，均方根差为 0.07(0.09)，决定系数分别为 0.70(0.51)，说明应用该方法融合生成的 EVI、LSWI 的数据与观测数据具有较高的一致性，可用于后续研究(图 12.2)。

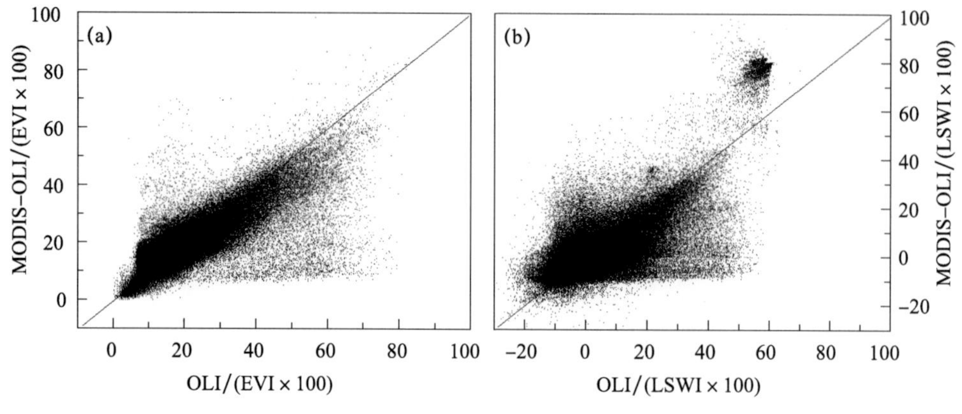

图 12.2　MODIS-OLI 融合植被指数与 OLI 观测植被指数相关性

(a)EVI;(b)LSWI

12.2　区域尺度对比

基于 CBD 模型，利用 500 m 分辨率的 MODIS 数据计算所得 NPP(CBD-MODIS)的空间分辨率较低，应用到较小区域时则不够精细，缺乏空间细节信息。由简单拟合方法、时序拟合方法及 MODIS-OLI 融合数据计算得到的空间分辨率 30 m 的 NPP 则具有清晰的空间细节信息，可以表现出较小地物间的差异。MODIS 数据直接计算的 NPP 大部分像元的数值为 600～800 g C $m^{-2}a^{-1}$，无法表现不同地物及农田内部的空间异质性。三种方法降尺度后所得 NPP 像元值统计的峰值均在 800 g C $m^{-2}a^{-1}$ 左右，近似正态分布。降尺度后的 NPP 空间表达清晰，道路、河流、建筑用地等与周边农田地区的 NPP 差异明显且边界清晰，同时也可以清晰表达农田内部的 NPP 差异。研究区域 MODIS 数据直接计算的 NPP 均值在 2011 年、2013 年分别为 689.51 g C $m^{-2}a^{-1}$、702.96 g C $m^{-2}a^{-1}$，简单拟合方法计算的 2011 年 NPP 均值为 702 g C $m^{-2}a^{-1}$，时序拟合方法计算的 2011 年 NPP 均值为 705 g C $m^{-2}a^{-1}$，基于 MODIS-OLI 融合数据计算的 2013 年 NPP 均值为 720.89 g C $m^{-2}a^{-1}$。四种方法计算所得研究区域的平均 NPP 差别不大，说明降尺度研究提高了生产力分辨率的同时保留了原始数据信息。

为掌握数据融合前后 NPP 的差异，我们首先利用 Pixel Aggregate 重采样方法将时序拟合方法计算的 NPP、基于 MODIS-OLI 融合数据计算的 NPP 重采样为与 MODIS 数据分辨率相匹配的 500 m×500 m 分辨率，然后根据 500 m×500 m 分辨率的耕地百分比数据比较在不同的耕地覆盖度地区两种方法的 NPP 估算结果差异。结果表明，在耕地面积比例大于栅格面积 30%的区域，时序拟合方法、MODIS-OLI 融合数据计算的 NPP 与 MODIS 数据直接计算的 NPP 总量上保持了很好的一致性；而在耕地面积比例小于栅格面积 30％的区域，时序拟合方法、MODIS-OLI 融合数据计算的 NPP 明显大于 MODIS 数据直接计算的 NPP，这是由于 MODIS 数据分辨率较低，在河流、裸地等无植被土地覆被类型占优势的混合像元植被指数接近于无植被土地，而时序拟合方法计算的 NPP 及 MODIS-OLI 融合数据计算的 NPP 的河流、裸地等具有比较明晰的边界，因此，导致在耕地面积比例较小的栅格时序拟合方法计算的 NPP 及 MODIS-OLI 融合数据计算的 NPP 大于 MODIS 数据直接计算的 NPP。时序拟合方法计算的 NPP 及 MODIS-OLI 融合数据计算的 NPP 在耕地面积比例小于 30％的地区也具有一定的不一致性，一方面是因为方法造成的误差，另一方面不同年份数据本身存在一定差异(图 12.3、图 12.4)。

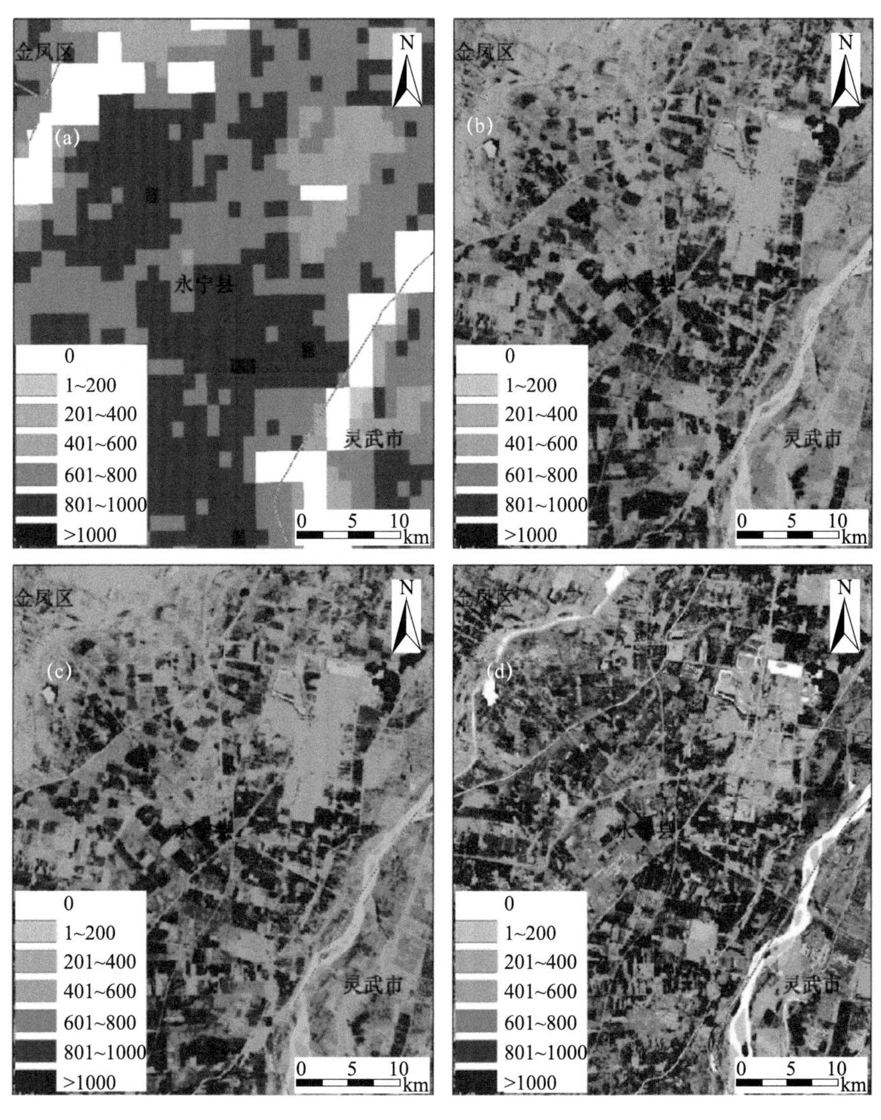

图 12.3　不同计算方法的 NPP 数据(单位：$g\ C\ m^{-2}a^{-1}$)

(a)基于 MODIS 数据计算；(b)简单拟合；(c)时序拟合；(d)基于 MODIS-OLI 融合数据

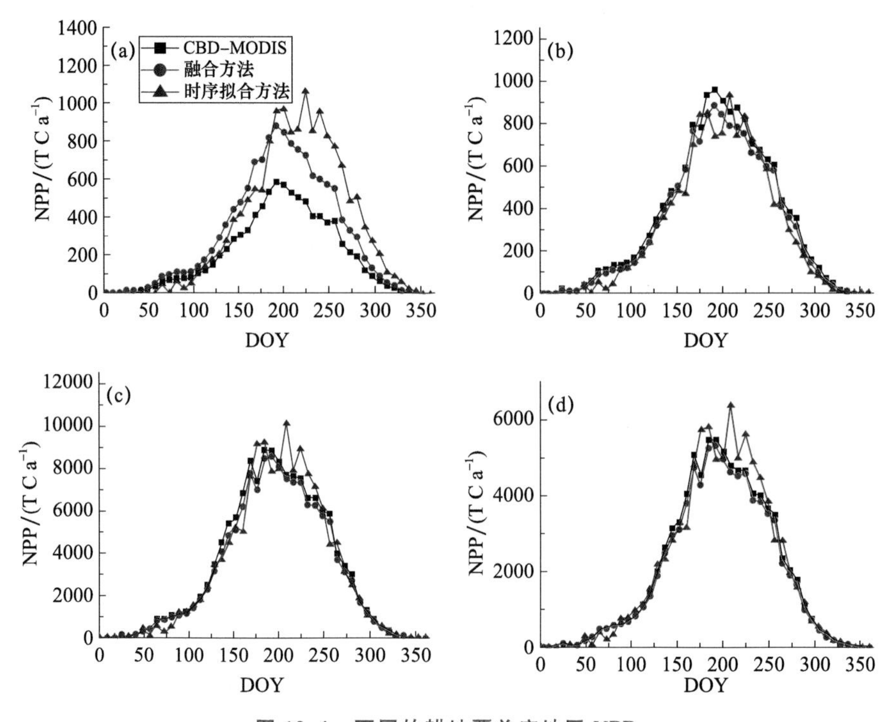

图 12.4　不同的耕地覆盖度地区 NPP

(a)<30%；(b)30%～50%；(c)50%～90%；(d)≥90%

12.3　高标准农田建设成效检测

(1)不同分辨率数据生产力检测能力

为掌握 MODIS-OLI 融合数据计算的 NPP 对高标准农田建设成果的检测能力，本研究选取永宁县李俊镇魏团村高标准农田示范项目区，比较 MODIS-OLI 融合数据计算的 NPP、空间分辨率 500 m 的 MODIS 数据计算的 NPP(CBD-MODIS)及 MOD17 NPP 三个 NPP 产品在高标准农田示范区及其周边未改造区域的差异。三种数据的空间分辨率分别为 30 m×30 m、500 m×500 m、1 km×1 km，我们将 30 m×30 m、500 m×500 m 的数据聚合至 1 km×1 km。三种 NPP 产品在项目区内外的差值分别为 62.66 g C $m^{-2}a^{-1}$、39.87 g C $m^{-2}a^{-1}$、2.90 g C $m^{-2}a^{-1}$，可见，随着数据空间分辨率的提高，遥感检测耕地生产力差异的能力也逐渐提高。高标准农田建设项目区面积较小，在 MOD17 NPP 数据中仅占十几个甚至几个像元，项目区与其周边未改造区域存在很多重叠像元，小区域内空间差异的检测效果不显著。CBD-MODIS 计算的 NPP 数据的空间分辨率有了一定提高，加之 CBD 模型对中国农田的模拟精度高于 MOD17(Pradhan，2001；Yan et al.，2009；黄青 等，2012)，能够体现出项目区内外的农田生产力差异，但仍无法表达出空间细节信息。由 MODIS-OLI 融合数据计算的 NPP 的空间分辨率进一步提高，可以更清晰地表达出空间上各地物的 NPP 差异，进而可以更加准确地检测高标准农田建设的成效(图 12.5)。

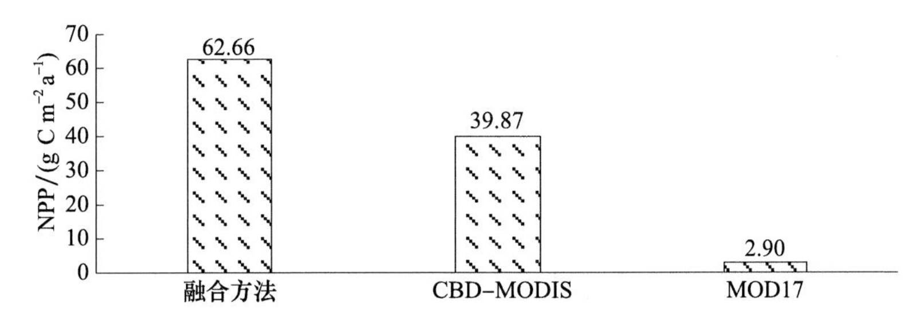

图 12.5　不同分辨率高标准农田区域内外农田生产力的差异

(2)高分辨率植被生产力比较

本研究应用时序拟合方法，计算宁夏回族自治区灵武市梧桐树南部中低产田改造项目区、崇兴镇龙须滩高标准农田建设示范工程及农垦灵武农场高标准农田建设示范工程 2011 年、2014 年的高分辨率植被生产力，并计算了二者的差值。三个项目区都在 2010 年以后完成建设改造，2014 年相比于 2011 年植被生产力显著提升，分别提升了 87.59%、69.25%、66.80%。说明拟合所得高分辨率的生产力数据在空间上清晰有效，可用于田块尺度植被生产力的变化检测(图 12.6)。

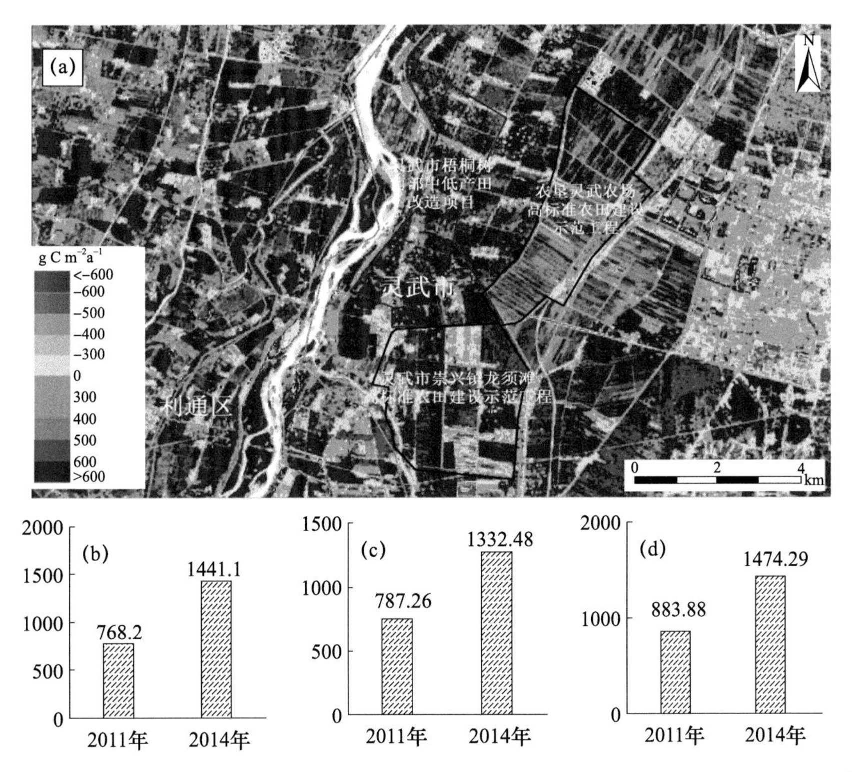

图 12.6　时序拟合方法计算的 2014 年、2011 年高分辨率植被生产力的差值(单位：g C m^{-2}a^{-1})

(a)空间差异；(b)、(c)、(d)依次为梧桐树南部中低产田改造项目区、崇兴镇龙须滩高标准农田建设示范工程及农垦灵武农场高标准农田建设示范工程 2014 年与 2011 年高分辨率植被生产力比较

第13章　挑战与展望

13.1　研究挑战

随着遥感技术的快速发展，遥感监测已成为研究区域生态系统的重要手段之一。从单一的光学遥感数据到多源、多分辨率遥感数据的综合应用，再到机器学习、深度学习等人工智能技术的引入，遥感技术的应用范围和效果得到了极大的提高。尽管目前已经有了许多陆地生态系统生产力和生态系统呼吸的遥感监测技术，但是在实际应用中还面临着许多挑战和困难。

① 遥感数据的时空分辨率不足。遥感数据虽然具有广泛的遥感波段和传感器，但由于数据分辨率的限制，无法直接观测到细小的生态系统生产力和呼吸的变化。这使得数据的处理和分析需要进行多个尺度的处理和分析，进一步提高了遥感数据的处理复杂性。遥感监测技术在复杂地形和极端天气等特殊环境下的应用也面临许多挑战。如何在这些条件下保证数据的准确性和可靠性是未来需要攻克的难点之一。

② 生态系统的空间异质性。生态系统在空间上的差异往往与植被类型、气候、土壤等环境因素有关。这些因素的差异会导致生态系统在其生产力和呼吸方面表现出明显的异质性。在遥感监测中，需要考虑到这些因素的影响，同时也需要在数据处理和分析中进行空间差异的修正和调整。

③ 数据的准确性和精度。遥感数据在生态系统生产力、呼吸的测量和监测中具有很大的优势，但数据的准确性和精度仍然是一个挑战。例如，由于植被结构、土壤含水量等因素的影响，常常会出现遥感数据与实测数据之间存在偏差的情况。在遥感数据的处理和分析过程中，需要考虑这些因素的影响，以提高数据的准确性和精度。

13.2　未来研究展望

未来的研究应该不断加强对遥感监测技术的创新和应用，以提高陆地生态系统生产力和生态系统呼吸的遥感监测精度和可靠性，为生态保护和管理提供更加精准和科学的数据支持。未来可以从以下几个方面突破。

① 多源遥感数据融合。当前，陆地生态系统生产力和生态系统呼吸遥感监测主要采用的是单一遥感数据，如MODIS、Landsat等。随着遥感技术的不断发展，新的遥感数据源也不断涌现。例如，Landsat、Sentinel等高分辨率遥感数据以及GEDI、ICESat-2等激光雷达遥感数

据，这些新的数据源为生态系统碳循环的监测提供了更多可能。未来的研究应该将多源遥感数据融合，以提高数据精度和准确性，进一步完善遥感监测技术体系。

② 机器学习与深度学习算法。机器学习和深度学习算法是当前遥感监测领域的热门技术，其应用可以实现更高效、更精准的遥感数据处理和分析。未来的研究应该深入探索和应用这些算法，以提高陆地生态系统生产力和生态系统呼吸的遥感监测精度。例如，利用MODIS数据估算生态系统净初级生产力和生态系统呼吸等指标，再结合地面数据和气象数据，可以对生态系统碳循环进行较为全面的监测。同时，借助机器学习和深度学习等技术，还可以对遥感数据进行快速处理和分析，提高监测数据的准确性和精度。

③ 模型集成和预测。模型集成和预测是陆地生态系统生产力和生态系统呼吸遥感监测研究的重要方向之一。由于数据质量、时间和空间分辨率等方面的限制，单一模型的表现常常无法满足精度和效率的要求。模型集成可以减少模型过拟合和欠拟合的风险。过拟合是指模型在训练集上表现良好，但在测试集上表现不佳，泛化能力差。欠拟合是指模型在训练和测试集上表现都不佳，无法捕捉数据中的复杂关系。通过模型集成，可以通过平衡不同模型的优势和劣势，降低过拟合和欠拟合的风险。在预测方面，模型集成可以通过构建更加准确和稳定的预测模型，为生态系统管理和决策提供更加可靠的科学支持。

④ 大数据和云计算。大数据和云计算技术可以处理和分析大量的遥感数据，可以在云端进行高效的数据存储和共享。遥感数据需要使用模型来分析和预测生态系统的生产力和呼吸。大数据技术和云计算可以支持模型的构建和集成，以提高模型的准确性和预测能力。此外，大数据技术可以支持数据的可视化和共享，使研究者可以更方便地访问和利用遥感数据，从而更好地研究生态系统的生产力和呼吸。

参考文献

陈静清，闫慧敏，王绍强，等，2014. 中国陆地生态系统总初级生产力 VPM 遥感模型估算[J]. 第四纪研究，34(4)：732-742.

陈利军，刘高焕，冯险峰，2001. 运用遥感估算中国陆地植被净第一性生产力[J]. 植物学报，43(11)：1191-1198.

邓书斌，陈秋锦，杜会建，等，2014. ENVI 遥感图像处理方法[M]. 2 版. 北京：高等教育出版社.

方修琦，余卫红，2002. 物候对全球变暖响应的研究综述[J]. 地球科学进展，17(5)：714-719.

辜智慧，2003. 中国农业复种指数的遥感估算方法研究-基于 SPOT/VGT 多时相 NDVI 遥感数据[D]. 北京：北京师范大学.

黄玫，2006. 中国陆地生态系统水、热通量和碳循环模拟研究[D]. 北京：中国科学院地理科学与资源研究所.

黄青，李丹丹，陈仲新，等，2012. 基于 MODIS 数据的冬小麦种植面积快速提取与长势监测[J]. 农业机械学报，43(7)：163-167.

李军，周月琴，李德仁，1999. 小波变换用于高分辨率全色影像与多光谱影像的融合研究[J]. 遥感学报，3(2)：116-121.

刘纪远，邵全琴，延晓冬，等，2011. 土地利用变化对全球气候影响的研究进展与方法初探[J]. 地球科学进展，26(10)：1015-1022.

牛忠恩，闫慧敏，黄玫，等，2016. 基于 MODIS-OLI 遥感数据融合技术的农田生产力估算[J]. 自然资源学报，31(5)：875-885.

彭少麟，郭志华，王伯荪，2000. 利用 GIS 和 RS 估算广东植被光利用率[J]. 生态学报，20(6)：903-909.

朴世龙，方精云，郭庆华，2001. 利用 CASA 模型估算我国植被净第一性生产力[J]. 植物生态学报，25(5)：603-608.

苏伟，刘睿，孙中平，等，2014. 基于 SEBAL 模型的农作物 NPP 反演[J]. 农业机械学报，45(11)：272-279.

王鹤松，贾根锁，冯锦明，等，2010. 我国北方地区植被总初级生产力的空间分布与季节变化[J]. 大气科学，34(5)：882-890.

邬明权，王洁，牛铮，等，2012. 融合 MODIS 与 Landsat 数据生成高时间分辨率 Landsat 数据[J]. 红外与毫米波学报，31(1)：80-84.

邬明权，牛铮，王长耀，2014. 多源遥感数据时空融合模型应用分析[J]. 地球信息科学学报，16(5)：776-783.

伍卫星，王绍强，肖向明，等，2008. 利用 MODIS 影像和气候数据模拟中国内蒙古温带草原生态系统总初级生产力[J]. 中国科学(D 辑)，38(8)：993-1004.

吴文斌，杨鹏，唐华俊，等，2009. 基于 NDVI 数据的华北地区耕地物候空间格局[J]. 中国农业科学，42(2)：552-560.

吴岩，刘寿东，钱眺，2008. 基于五点加权平均法的耕地复种指数遥感监测研究[J]. 贵州气象，32(5)：9-12.

徐玲玲，张宪洲，石培礼，等，2004. 青藏高原高寒草甸生态系统表观量子产额和表观最大光合速率的确定[J]. 中国科学(D 辑)，34(A02)：125-130.

闫慧敏，曹明奎，刘纪远，等，2005. 基于多时相遥感信息的中国农业种植制度空间格局研究[J]. 农业工程学报,21(4):85-90.

闫慧敏,黄河清,肖向明,等,2008.鄱阳湖农业区多熟种植时空格局特征遥感分析[J].生态学报,28(9):4517-4523.

闫慧敏,肖向明,黄河清,2010.黄淮海多熟种植农业区作物历遥感检测与时空特征[J].生态学报,30(9):2416-2423.

于贵瑞,孙晓敏,等,2006.陆地生态系统通量观测的原理与方法[M].北京:高等教育出版社.

于贵瑞,方华军,伏玉玲,等,2011.区域尺度陆地生态系统碳收支及其循环过程研究进展[J].生态学报,31(19):5449-5459.

于贵瑞,张雷明,孙晓敏,2014.中国陆地生态系统通量观测研究网络(ChinaFLUX)的主要进展及发展展望[J].地理科学进展,33(7):903-917.

张鹏,2014.基于 Landsat TM 与 MODIS 缨帽变换分量的时空数据融合方法研究[D].兰州:兰州大学.

张镱锂,祁威,周才平,等,2013.青藏高原高寒草地净初级生产力(NPP)时空分异[J].地理学报,68(9):1197-1211.

赵育民,牛树奎,王军邦,等,2007.植被光能利用率研究进展[J].生态学杂志,26(9):1471-1477.

周才平,欧阳华,王勤学,等,2004.青藏高原主要生态系统净初级生产力的估算[J].地理学报,59(1):74-79.

朱文泉,潘耀忠,何浩,等,2006.中国典型植被最大光利用率模拟[J].科学通报,51(6):700-706.

朱孝林,李强,沈妙根,等,2008.基于多时相 NDVI 数据的复种指数提取方法研究[J].自然资源学报,23(3):534-544.

朱旭东,2010.基于光能利用率模型的中国陆地生态系统初级生产力模拟[D].北京:中国科学院地理科学与资源研究所.

左丽君,张增祥,董婷婷,等,2009.耕地复种指数研究的国内外进展[J].自然资源学报,24(3):553-560.

ABER J D,FEDERER C A,1992. A generalized,lumped-parameter model of photosynthesis,evapotranspiration and net primary production in temperate and boreal forest ecosystems[J]. Oecologia,92(4):463-474.

ACERBI-JUNIOR F W,CLEVERS J,SCHAEPMAN M E,2006. The assessment of multi-sensor image fusion using wavelet transforms for mapping the Brazilian Savanna[J]. International Journal of Applied Earth Observation and Geoinformation,8(4):278-288.

AMTHOR J S,2000. The McCree-de Wit-Penning de Vries-Thornley respiration paradigms:30 years later[J]. Annals of Botany,86(1):1-20.

BADER N E,CHENG W,2007. Rhizosphere priming effect of populus fremontii obscures the temperature sensitivity of soil organic carbon respiration[J]. Soil Biology and Biochemistry,39(2):600-606.

BAHN M,RODEGHIERO M,ANDERSON-DUNN M,et al,2008. Soil respiration in european grasslands in relation to climate and assimilate supply[J]. Ecosystems,11(8):1352-1367.

BLACK T A,HARTOG G D,NEUMANN H H,et al,1996. Annual cycles of water vapour and carbon dioxide fluxes in and above a boreal aspen forest[J]. Global Change Biology,2(3):219-229.

BOND-LAMBERTY B,THOMSON A,2010. Temperature-associated increases in the global soil respiration record[J]. Nature,464(7288):579-582.

BOSCHETTI L,ROY D P,JUSTICE C O,et al,2015. MODIS-Landsat fusion for large area 30m burned area mapping[J]. Remote Sensing of Environment(161):27-42.

BROGE N H,LEBLANC E,2001. Comparing prediction power and stability of broadband and hyperspectral vegetation indices for estimation of green leaf area index and canopy chlorophyll density[J]. Remote Sensing of Environment,76(2):156-172.

CANISIUS F,TURRAL H,MOLDEN D,2007. Fourier analysis of historical NOAA time series data to estimate bimodal agriculture[J]. International Journal of Remote Sensing,28(24):5503-5522.

CAO M,PRINCE S D,SMALL J,et al,2004. Remotely sensed interannual variations and trends in terrestrial net primary productivity 1981-2000[J]. Ecosystems,7(3):233-242.

CECCATO P,FLASSE S,GREGOIRE J M,2002. Designing a spectral index to estimate vegetation water content from remote sensing data - Part 2. validation and applications[J]. Remote Sensing of Environment,82(2-3):198-207.

CHAPIN F S,MATSON P A,MOONEY H A,et al,2002. Principles of terrestrial ecosystem ecology[M]. Berlin Heidelberg:Springer-Verlag.

CLEVERS J,1989. Application of a weighted infrared-red vegetation index for estimating leaf area index by correcting for soil moisture[J]. Remote Sensing of Environment,29(1):25-37.

COLEMAN T F,LI Y,1996. An interior trust region approach for nonlinear minimization subject to bounds [J]. SIAM Journal on Optimization,6(2):418-445.

DASH J,CURRAN P J,2004. The MERIS terrestrial chlorophyll index[J]. International Journal of Remote Sensing,25(23):5403-5413.

DAUGHTRY C S T,WALTHALL C L,KIM M S,et al,2000. Estimating corn leaf chlorophyll concentration from leaf and canopy reflectance[J]. Remote Sensing of Environment,74(2):229-239.

DILKES N B,JONES D L,FARRAR J,2004. Temporal dynamics of carbon partitioning and rhizodeposition in wheat[J]. Plant Physiology,134(2):706-715.

FANG J Y,GUO Z D,PIAO S L,et al,2007. Terrestrial vegetation carbon sinks in China,1981-2000[J]. Science in China Series D:Earth Sciences,50(9):1341-1350.

FENG X F,LIU G,CHEN J M,et al,2007. Net primary productivity of China's terrestrial ecosystems from a process model driven by remote sensing[J]. Journal of Environmental Management,85(3):563-573.

FIELD C B,RANDERSON J T,MALMSTROM C M,1995. Global net primary production-combining ecology and remote-sensing[J]. Remote Sensing of Environment,51(1):74-88.

FISHER J I,RICHARDSON A D,MUSTARD J F,2007. Phenology model from surface meteorology does not capture satellite-based greenup estimations[J]. Global Change Biology,13(3):707-721.

FORTIN J P,1998. Inrs-Eau. Estimation of surface variables at the sub-pixel level for use as input to climate and hydrological models[M]. Quebec:INRS-Eau.

FRANK A B,LIEBIG M A,HANSON J D,2002. Soil carbon dioxide fluxes in northern semiarid grasslands [J]. Soil Biology and Biochemistry,34(9):1235-1241.

FROLKING S E,BUBIER J L,MOORE T R,et al,1998. Relationship between ecosystem productivity and photosynthetically active radiation for northern peatlands[J]. Global Biogeochemical Cycles,12(1):115-126.

FU G,SHEN Z X,ZHANG X Z,et al,2010. Modeling gross primary productivity of alpine meadow in the northern Tibet Plateau by using MODIS images and climate data[J]. Acta Ecologica Sinica,30(5):264-269.

GALFORD G L,MUSTARD J F,MELILLO J,et al,2008. Wavelet analysis of MODIS time series to detect expansion and intensification of row-crop agriculture in Brazil[J]. Remote Sensing of Environment,112(2):576-587.

GAO F,MASEK J,SCHWALLER M,et al,2006. On the blending of the Landsat and MODIS surface reflectance:predicting daily Landsat surface reflectance[J]. Institute of Electrical and Electronics Engineers Transactions on Geoscience and Remote Sensing,44(8):2207-2218.

GAO Z Q,LIU J Y,2008. Simulation study of China's net primary production[J]. Chinese Science Bulletin,53(3):434-445.

GAO Y,YU G,YAN H,et al,2014. A MODIS-based Photosynthetic Capacity Model to estimate gross primary production in Northern China and the Tibetan Plateau[J]. Remote Sensing of Environment(148):108-118.

GAO Y,YU G,LI S,et al,2015. A remote sensing model to estimate ecosystem respiration in Northern China and the Tibetan Plateau[J]. Ecological Modelling,304(34):34-43.

GARBULSKY M F,J PEÑUELAS,D PAPALE,et al,2010. Patterns and controls of the variability of radiation use efficiency and primary productivity across terrestrial ecosystems[J]. Global Ecology and Biogeography,19(2):253-267.

GAUMONT-GUAY D,BLACK T A,BARR A G,et al,2008. Biophysical controls on rhizospheric and heterotrophic components of soil respiration in a boreal black spruce stand[J]. Tree Physiology,28(2):161-171.

GILMANOV T G,TIESZEN L L,WYLIE B K,et al,2005. Integration of CO_2 flux and remotely-sensed data for primary production and ecosystem respiration analyses in the Northern Great Plains:potential for quantitative spatial extrapolation[J]. Global Ecology and Biogeography,14(3):271-292.

GITELSON A A,2004. Wide dynamic range vegetation index for remote quantification of biophysical characteristics of vegetation[J]. Journal of Plant Physiology,161(2):165-173.

GITELSON A A,VERMA S B,VINA A,et al,2003. Novel technique for remote estimation of CO_2 flux in maize[J]. Geophysical Research Letters,30(9):1486.

GITELSON A A,VIÑA A,CIGANDA V,et al,2005. Remote estimation of canopy chlorophyll content in crops[J]. Geophysical Research Letters,32(8):403.

GITELSON A A,PENG Y,MASEK J G,et al,2012. Remote estimation of crop gross primary production with Landsat data[J]. Remote Sensing of Environment,121(6):404-414.

GOETZ. S J,PRINCE S D,GOWARD S N,et al,1999. Satellite remote sensing of primary production:an improved production efficiency modeling approach[J]. Ecological Modeling(122):239-255.

GOMEZ-CASANOVAS N,MATAMALA R,COOK D R,et al,2012. Net ecosystem exchange modifies the relationship between the autotrophic and heterotrophic components of soil respiration with abiotic factors in prairie grasslands[J]. Global Change Biology,18(8):2532-2545.

GOULDEN M L,DAUBE B C,FAN S M,et al,1997. Physiological responses of a black spruce forest to weather[J]. Journal of Geophysical Research:Atmospheres,102(D24):28987-28996.

GOWER S T,KUCHARIK C J,NORMAN J M,1999. Direct and indirect estimation of leaf area index,f(APAR),and net primary production of terrestrial ecosystems[J]. Remote Sensing of Environment,70(1):29-51.

HABOUDANE D,MILLER J R,TREMBLAY N,et al,2002. Integrated narrow-band vegetation indices for prediction of crop chlorophyll content for application to precision agriculture[J]. Remote Sensing of Environment,81(2-3):416-426.

HASHIMOTO H,DUNGAN J L,WHITE M A,et al,2008. Satellite-based estimation of surface vapor pressure deficits using MODIS land surface temperature data[J]. Remote Sensing of Environment,112(1):142-155.

HE H,WANG S,ZHANG L,et al,2019. Altered trends in carbon uptake in China's terrestrial ecosystems under the enhanced summer monsoon and warming hiatus[J]. National Science Review,6(3):505-514.

HE W,JIANG F,WU M,et al,2022. China's terrestrial carbon sink over 2010-2015 constrained by satellite observations of atmospheric CO_2 and land surface variables[J]. Journal of Geophysical Research:Biogeosciences,127(2):e2021JG006644.

HEINSCH F A,REEVES M,VOTAVA P,et al,2003. User's guide:GPP and NPP(MOD17A2/A3)products, NASA MODIS land algorithm[Z]. The University of Montana,Missoula.

HILKER T,WULDER M A,COOPS N C,et al,2009. Generation of dense time series synthetic Landsat data through data blending with MODIS using a spatial and temporal adaptive reflectance fusion model[J]. Remote Sensing of Environment,113(9):1988-1999.

HUANG N,NIU Z,ZHAN Y,et al,2012. Relationships between soil respiration and photosynthesis-related spectral vegetation indices in two cropland ecosystems[J]. Agricultural and Forest Meteorology(160):80-89.

HUANG N,HE J S,NIU Z,2013a. Estimating the spatial pattern of soil respiration in Tibetan alpine grasslands using Landsat TM images and MODIS data[J]. Ecological Indicators(26):117-125.

HUANG N,NIU Z,2013b. Estimating soil respiration using spectral vegetation indices and abiotic factors in irrigated and rainfed agroecosystems[J]. Plant and Soil(367):535-550.

HUANG N,GU L,NIU Z,2014. Estimating soil respiration using spatial data products:a case study in a deciduous broadleaf forest in the Midwest USA[J]. Journal of Geophysical Research: Atmospheres,119(11): 6393-6408.

HUETE A R,1988. A soil-adjusted vegetation index(SAVI)[J]. Remote Sensing of Environment,25(3): 295-309.

HUETE A,DIDAN K,MIURA T,et al,2002. Overview of the radiometric and biophysical performance of the MODIS vegetation indices[J]. Remote Sensing of Environment,83(1-2):195-213.

HWANG T,SONG C,BOLSTAD P V,et al,2011. Downscaling real-time vegetation dynamics by fusing multitemporal MODIS and Landsat NDVI in topographically complex terrain[J]. Remote Sensing of Environment,115(10):2499-2512.

JÄGERMEYR J,GERTEN D,LUCHT W,et al,2014. A high-resolution approach to estimating ecosystem respiration at continental scales using operational satellite data[J]. Global change biology,20(4):1191-1210.

JI J J,HUANG M,LI K R,2008. Prediction of carbon exchanges between China terrestrial ecosystem and atmosphere in 21st century[J]. Science in China Series D:Earth Sciences,51(6):885-898.

JIANG Z,HUETE A R,DIDAN K,et al,2008. Development of a two-band enhanced vegetation index without a blue band[J]. Remote Sensing of Environment,112(10):3833-3845.

JIANG F,CHEN J M,ZHOU L,et al,2016. A comprehensive estimate of recent carbon sinks in China using both top-down and bottom-up approaches[J]. Scientific Reports,6(1):1-9.

JIN Z,ZHUANG Q,HE J S,et al,2015. Net exchanges of methane and carbon dioxide on the Qinghai-Tibetan Plateau from 1979 to 2100[J]. Environmental Research Letters,10(8):085007.

JÖNSSO N P,EKLUNDH L,2004. TIMESAT-a program for analyzing time-series of satellite sensor data[J]. Computers & Geosciences,30(8):833-845.

JORDAN C F,1969. Derivation of leaf-area index from quality of light on the forest floor[J]. Ecology,50(4): 663-666.

KERGOAT L,LAFONT S,ARNETH A,et al,2008. Nitrogen controls plant canopy light-use efficiency in temperate and boreal ecosystems[J]. Journal of Geophysical Research:Biogeosciences,113(G4):17.

KING D A,TURNER D P,RITTS W D,2011. Parameterization of a diagnostic carbon cycle model for continental scale application[J]. Remote Sensing of Environment,115(7):1653-1664.

KNOHL A,WERNER R A,BRAND W A,et al,2005. Short-term variations in δ13C of ecosystem respiration reveals link between assimilation and respiration in a deciduous forest[J]. Oecologia,142(1):70-82.

KUZYAKOV Y,GAVRICHKOVA O,2010. REVIEW:Time lag between photosynthesis and carbon dioxide efflux from soil:a review of mechanisms and controls[J]. Global Change Biology,16(12):3386-3406.

LANDSBERG J J,WARING R H,1997. A generalised model of forest productivity using simplified concepts of radiation-use efficiency, carbon balance and partitioning[J]. Forest Ecology and Management, 95(3): 209-228.

LARSEN K S,IBROM A,BEIER C,et al,2007. Ecosystem respiration depends strongly on photosynthesis in a temperate heath[J]. Biogeochemistry(85):201-213.

LAW B E,WARING R H,ANTHONI P M,et al,2000. Measurements of gross and net ecosystem productivity and water vapour exchange of a Pinus ponderosa ecosystem,and an evaluation of two generalized models[J]. Global Change Biology(2):155-168.

LI Z Q,YU G R,XIAO X M,et al,2007. Modeling gross primary production of alpine ecosystems in the Tibetan Plateau using MODIS images and climate data[J]. Remote Sensing of Environment,107(3):510-519.

LI X L,LIANG S L,YU G R,et al,2013. Estimation of gross primary production over the terrestrial ecosystems in China[J]. Ecological Modelling(261):80-92.

LINDROTH A,LAGERGREN F,AURELA M,et al,2008. Leaf area index is the principal scaling parameter for both gross photosynthesis and ecosystem respiration of Northern deciduous and coniferous forests[J]. Tellus Series B-chemical & Physical Meteorology,60(2):129-142.

LIU D,PU R,2008a. Downscaling thermal infrared radiance for subpixel land surface temperature retrieval[J]. Sensors,8(4):2695-2706.

LIU R G,LIANG S L,HE H L,et al,2008b. Mapping incident photosynthetically active radiation from MODIS data over China[J]. Remote Sensing of Environment,112(3):998-1009.

LIU J F,SUN J X,JIN H M,et al,2011. Application of two remote sensing GPP algorithms at a semiarid grassland site of North China[J]. Journal of Plant Ecology,4(4):302-312.

LIU Y B,JU W M,HE H L,et al,2013. Changes of net primary productivity in China during recent 11 years using an ecological model driven by MODIS data[J]. Frontier of Earth Sciences,7(1):112-127.

LLOYD J,TAYLOR J A,1994. On the temperature dependence of soil respiration[J]. Functional Ecology,8(3):315-323.

LORANTY M M,GOETZ S J,RASTETTER E B,et al,2011. Scaling an instantaneous model of tundra NEE to the Arctic landscape[J]. Ecosystems(14):76-93.

MAHADEVAN P,WOFSY S C,MATROSS D M,et al,2008. A satellite-based biosphere parameterization for net ecosystem CO_2 exchange:Vegetation Photosynthesis and Respiration Model(VPRM)[J]. Global Biogeochemical Cycles,22(2):GB2005.

MAHECHA M D,REICHSTEIN M,CARVALHAIS N,et al,2010. Global convergence in the temperature sensitivity of respiration at ecosystem level[J]. Science,329(5993):838-840.

MASELLI F,GIOLI B,CHIESI M,et al,2010. Validating an integrated strategy to model net land carbon exchange against aircraft flux measurements[J]. Remote Sensing of Environment,114(5):1108-1116.

MICHAELIS L,MENTEN M L,1913. Die kinetik der invertinwirkung[J]. Biochemische Zeitschrift,49(333-369):352.

MIGLIAVACCA M,REICHSTEIN M,RICHARDSON A D,et al,2011. Semiempirical modeling of abiotic and biotic factors controlling ecosystem respiration across eddy covariance sites[J]. Global Change Biology,17(1):390-409.

MONTEITH J,1972. Solar radiation and productivity in tropical ecosystems[J]. Journal of Applied Ecology,9(3):747-766.

MONTEITH J,MOSS C,1977. Climate and the efficiency of crop production in Britain. Philosophical Transactions of the Royal Society of London[J]. B-Biological Sciences,281(980):277-294.

MOYANO F E,KUTSCH W L,SCHULZE E D,2007. Response of mycorrhizal,rhizosphere and soil basal respiration to temperature and photosynthesis in a barley field[J]. Soil Biology and Biochemistry,39(4):843-853.

MOYANO F E,KUTSCH W L,REBMANN C,2008. Soil respiration fluxes in relation to photosynthetic activity in broad-leaf and needle-leaf forest stands[J]. Agricultural and Forest Meteorology,148(1):135-143.

OGUTU B O,DASH J,DAWSON T P,2013. Developing a diagnostic model for estimating terrestrial vegetation gross primary productivity using the photosynthetic quantum yield and Earth Observation data[J]. Global Change Biology,19(9):2878-2892.

OLOFSSON P,LAGERGREN F,LINDROTH A,et al,2008. Towards operational remote sensing of forest carbon balance across Northern Europe[J]. Biogeosciences,5(3):817-832.

PATEL N R,DADHWAL V K,SAHA S K,2011. Measurement and scaling of carbon dioxide(CO_2)exchanges in wheat using flux-tower and remote sensing[J]. Journal of the Indian Society of Remote Sensing(39):383-391.

PENG Y,GITELSON A A,2011a. Application of chlorophyll-related vegetation indices for remote estimation of maize productivity[J]. Agricultural and Forest Meteorology,151(9):1267-1276.

PENG Y,GITELSON A A,2011b. Remote estimation of gross primary productivity in soybean and maize based on total crop chlorophyll content [J]. Remote Sensing of Environment,117(1):440-448.

PENG Y,GITELSON A A,SAKAMOTO T,2013. Remote estimation of gross primary productivity in crops using MODIS 250 m data[J]. Remote Sensing of Environment(128):186-196.

PIAO S L,FANG J Y,ZHOU L M,et al,2005. Changes in vegetation net primary productivity from 1982 to 1999 in China[J]. Global Biogeochemical Cycles,19(2):GB2027.

PIAO S,FANG J,CIAIS P,et al,2009. The carbon balance of terrestrial ecosystems in China[J]. Nature,458(7241):1009-1013.

PIAO S,LUYSSAERT S,CIAIS P,et al,2010. Forest annual carbon cost:a global-scale analysis of autotrophic respiration[J]. Ecology,91(3):652-661.

PIAO S,TAN K,NAN H,et al,2012. Impacts of climate and CO_2 changes on the vegetation growth and carbon balance of Qinghai-Tibetan grasslands over the past five decades[J]. Global and Planetary Change(98):73-80.

PIAO S L,HE Y,WANG X H,et al,2022. Estimation of China's terrestrial ecosystem carbon sink:Methods,progress and prospects[J]. Science China Earth Sciences,65(4):641-651.

POTTER C S,RANDERSON J T,FIELD C B,et al,1993. Terrestrial ecosystem production:a process model based on global satellite and surface data[J]. Global Biogeochemical Cycles,7(4):811-841.

PRADHAN S,2001. Crop area estimation using GIS,remote sensing and area frame sampling[J]. International Journal of Applied Earth Observation and Geoinformation,3(1):86-92.

PRICE D T,MCKENNEY D W,NALDER I A,et al,2000. A comparison of two statistical methods for spatial interpolation of Canadian monthly mean climate data[J]. Agricultural and Forest meteorology,101(2-3):81-94.

PRINCE S D,GOWARD S N,1995. Global primary production:a remote sensing approach[J]. Journal of Biogeography(22):815-835.

QI J,CHEHBOUNI A,HUETE A R,et al,1994. A modified soil adjusted vegetation index[J]. Remote Sensing of Environment,48(2):119-126.

RAHMAN A F,SIMS D A,CORDOVA V D,et al,2005. Potential of MODIS EVI and surface temperature for directly estimating per-pixel ecosystem C fluxes[J]. Geophysical Research Letters,32(19):404.

RAICH J W, RASTETTER E B, MELILLO J M, et al, 1991. Potential net primary productivity in South America:application of a global model[J]. Ecological Applications,1(4):399-429.

REICHSTEIN M,REY A,FREIBAUER A,et al,2003. Modeling temporal and large-scale spatial variability of soil respiration from soil water availability,temperature and vegetation productivity indices[J]. Global Biogeochemical Cycles,17(4):11-15.

ROERINK G J,MENENTI M,VERHOEF W,2000. Reconstructing cloudfree NDVI composites using Fourier analysis of time series[J]. International Journal of Remote Sensing,21(9):1911-1917.

RONDEAUX G,STEVEN M,BARET F,1996. Optimization of soil-adjusted vegetation indices[J]. Remote Sensing of Environment,55(2):95-107.

ROUSE J W,1973. Monitoring the vernal advancement and retrogradation of natural vegetation[R]. Maryland: NASA/GSFCT Type II Report.

ROY D P,JU J,KLINE K,et al,2010. Web-enabled Landsat Data(WELD):Landsat ETM+ composited mosaics of the conterminous United States[J]. Remote Sensing of Environment,114(1):35-49.

RUIMY A,KERGOAT L,BONDEAU A,et al,1999. Comparing global models of terrestrial net primary productivity(NPP):analysis of differences in light absorption and light-use efficiency[J]. Global Change Biology,5(S1):56-64.

RUNNING S W,THORNTON P E,NEMANI R,et al,2000. Global terrestrial gross and net primary productivity from the Earth Observing System. In:O E Sala,R B Jackson,H A Mooney et al(EdS). Methods in Ecosystem Science[M]. New York:Springer Verlag.

RUNNING S W,NEMANI R R,HEINSCH F A,et al,2004. A continuous satellite-derived measure of global terrestrial primary production[J]. Bioscience,54(6):547-560.

SAKAMOTO T,YOKOZAWA M,TORITANIH H,et al,2005. A crop phenology detection method using time-series MODIS data[J]. Remote Sensing of Environment,96(3):366-374.

SAKAMOTO T,NGUYEN N V,OHNO H,et al,2006. Spatio-temporal distribution of rice phenology and cropping systems in the Mekong Delta with special reference to the seasonal water flow of the Mekong and Bassac rivers[J]. Remote Sensing of Environment,100(1):1-16.

SAKAMOTO T,GITELSON A A,WARDLOW B D,et al,2011. Estimating daily gross primary production of maize based only on MODIS WDRVI and shortwave radiation data[J]. Remote Sensing of Environment,115

(12):3091-3101.

SCHABER J,BADECK F W,2003. Physiology-based phenology models for forest tree species in Germany[J]. International Journal of Biometeorology,47(4):193-201.

SCHUBERT P,EKLUNDH L,LUND M,et al,2010. Estimating northern peatland CO_2 exchange from MODIS time series data[J]. Remote Sensing of Environment,114(6):1178-1189.

SCHWALM C R,BLACK T A,AMIRO B D,et al,2006. Photosynthetic light use efficiency of three biomes across an east-west continental-scale transect in Canada[J]. Agricultural and Forest Meteorology,140(1-4):269-286.

SIMS D A,RAHMAN A F,CORDOVA V D,et al,2008. A new model of gross primary productivity for North American ecosystems based solely on the enhanced vegetation index and land surface temperature from MODIS[J]. Remote Sensing of Environment,112(4):1633-1646.

SOUDANI K,LE MAIRE G,DUFRENE E,et al,2008. Evaluation of the onset of green-up in temperate deciduous broadleaf forests derived from Moderate Resolution Imaging Spectroradiometer(MODIS) data[J]. Remote Sensing of Environment,112(5):2643-2655.

SUN G,2009. Simulation of potential vegetation distribution and estimation of carbon flux in China from 1981 to 1998 with LPJ dynamic global vegetation model[J]. Environmental Research,14(4):341-351.

TANG X,LIU D,SONG K,et al,2011. A new model of net ecosystem carbon exchange for the deciduous-dominated forest by integrating MODIS and flux data[J]. Ecological Engineering,37(10):1567-1571.

TANG X,WANG Z,LIU D,et al,2012. Estimating the net ecosystem exchange for the major forests in the northern United States by integrating MODIS and AmeriFlux data[J]. Agricultural and Forest Meteorology (156):75-84.

TAO B,LI K R,SHAO X M,et al,2003. The temporal and spatial patterns of terrestrial net primary productivity in China[J]. Journal of Geographical Sciences,13(2):163-171.

TIAN H,MELILLO J,LU C,et al,2011. China's terrestrial carbon balance:contributions from multiple global change factors[J]. Global Biogeochemical Cycles,25(1):GB1007.

TIAN F,WANG Y,FENSHOLT R,et al,2013. Mapping and evaluation of NDVI trends from synthetic time series obtained by blending Landsat and MODIS data around a coalfield on the Loess Plateau[J]. Remote Sensing,5(9):4255-4279.

TURNER D P,GOWER S T,COHEN W B,et al,2002. Effects of spatial variability in light use efficiency on satellite-based NPP monitoring[J]. Remote Sensing of Environment,80(3):397-405.

TURNER D P,et al,2003. A cross-biome comparison of daily light use efficiency for gross primary production [J]. Global Change Biology,9(3):383-395.

UEYAMA M,HARAZONO Y,Ichii K,2010. Satellite-based modeling of the carbon fluxes in mature black spruce forests in Alaska:a synthesis of the eddy covariance data and satellite remote sensing data[J]. Earth Interactions,14(13):1-27.

VALENTINI R,MATTEUCCI G,DOLMAN A J,et al,2000. Respiration as the main determinant of carbon balance in European forests[J]. Nature,404(6780):861-865.

VERMOTE E F,VERMEULEN A,1999. Atmospheric correction algorithm:spectral reflectances(MOD09), MODIS algorithm technical background document,version 4. 0[D]. Maryland:University of Maryland,Department of Geography.

VEROUSTRAETE F, SABBE H, EERENS H, 2002. Estimation of carbon mass fluxes over Europe using the C-Fix model and Euroflux data[J]. Remote Sensing of Environment, 83(3): 376-399.

VOURLITIS G L, VERFAILLIE J, OECHEL W C, et al, 2003. Spatial variation in regional CO_2 exchange for the Kuparuk River Basin, Alaska over the summer growing season[J]. Global Change Biology, 9(6): 930-941.

WAKSMAN S A, GERRETSEN F C, 1931. Influence of temperature and moisture upon the nature and extent of decomposition of plant residues by microorganisms[J]. Ecology, 12(1): 33-60.

WALKER J J, DE B K M, WYNNE R H, et al, 2012. Evaluation of Landsat and MODIS data fusion products for analysis of dryland forest phenology[J]. Remote Sensing of Environment, 116(117): 381-393.

WAN Z, 2008. New refinements and validation of the MODIS land-surface temperature/emissivity products [J]. Remote Sensing of Environment, 112(1): 59-74.

WANG H, JIA G, FU C, et al, 2010. Deriving maximal light use efficiency from coordinated flux measurements and satellite data for regional gross primary production modeling[J]. Remote Sensing of Environment, 114 (10): 2248-2258.

WANG X F, MA M G, LI X, et al, 2013. Validation of MODIS-GPP product at 10 flux sites in northern China [J]. International Journal of Remote Sensing, 34(2): 587-599.

WANG J, FENG L, PALMER P I, et al, 2020. Large Chinese land carbon sink estimated from atmospheric carbon dioxide data[J]. Nature, 586(7831): 720-723.

WANG T, WANG X, LIU D, et al, 2023. The current and future of terrestrial carbon balance over the Tibetan Plateau[J]. Science China Earth Sciences, 66(7): 1493-1503.

WEI D, QI Y, MA Y, et al, 2021. Plant uptake of CO_2 outpaces losses from permafrost and plant respiration on the Tibetan Plateau[J]. Proceedings of the National Academy of Sciences, 118(33): e2015283118.

WILSON K B, BALDOCCHI D D, HANSON P J, 2001. Leaf age affects the seasonal pattern of photosynthetic capacity and net ecosystem exchange of carbon in a deciduous forest[J]. Plant Cell and Environment, 24(6): 571-583.

WOHLFAHRT G, PILLONI S, HÖRTNAGL L, et al, 2010. Estimating carbon dioxide fluxes from temperate mountain grasslands using broad-band vegetation indices[J]. Biogeosciences, 7(2): 683-694.

WOLFE R, MASEK J, SALEOUS N, et al, 2004. LEDAPS: mapping North American disturbance from the Landsat record[C]: IEEE.

WU J B, XIAO X M, GUAN D X, et al, 2009. Estimation of the gross primary production of an old-growth temperate mixed forest using eddy covariance and remote sensing[J]. International Journal of Remote Sensing, 30(2): 463-479.

WU C Y, NIU Z, GAO S, 2010a. Gross primary production estimation from MODIS data with vegetation index and photosynthetically active radiation in maize[J]. Journal of Geophysical Research Atmospheres, 115 (D12): 1256-1268.

WU W B, YANG P, TANG H J, et al, 2010b. Characterizing spatial patterns of phenology in cropland of China based on remotely sensed data[J]. Agricultural Sciences in China, 9(1): 101-112.

WYLIE B K, FOSNIGHT E A, GILMANOV T G, et al, 2007. Adaptive data-driven models for estimating carbon fluxes in the Northern Great Plains[J]. Remote Sensing of Environment, 106(4): 399-413.

XIAO X M, MELILLO J M, KICKLIGHTER D W, et al, 1998. Net primary production of terrestrial ecosystems in China and its equilibrium response to changes in climate and atmospheric CO_2 concentration[J]. Acta Phytoecologica Sinica,22(2):97-118.

XIAO X,HOLLINGER D,ABER J,et al,2004. Satellite-based modeling of gross primary production in an evergreen needleleaf forest[J]. Remote sensing of environment,89(4):519-534.

XIAO X M,ZHANG Q Y,SALESKA S,et al,2005. Satellite-based modeling of gross primary production in a seasonally moist tropical evergreen forest[J]. Remote Sensing of Environment,94(1):105-122.

XIAO J,ZHUANG Q,BALDOCCHI D D,et al,2008. Estimation of net ecosystem carbon exchange for the conterminous United States by combining MODIS and AmeriFlux data[J]. Agricultural and Forest Meteorology,148(11):1827-1847.

XIAO J,ZHUANG Q,LAW B E,et al,2011. Assessing net ecosystem carbon exchange of US terrestrial ecosystems by integrating eddy covariance flux measurements and satellite observations[J]. Agricultural and Forest meteorology,151(1):60-69.

YAN H M,FU Y L,XIAO X M,et al,2009. Modeling gross primary productivity for winter wheat-maize double cropping system using MODIS time series and CO_2 eddy flux tower data[J]. Agriculture,Ecosystems & Environment,129(4):391-400.

YAN Y E,GUO H Q,GAO Y,et al,2010. Variations of net ecosystem CO_2 exchange in a tidal inundated wetland: coupling MODIS and tower-based fluxes[J]. Journal of Geophysical Research: Atmospheres, 115 (D15):102.

YAN H M,XIAO X M,HUANG H Q,et al,2013. Multiple cropping intensity in China derived from agro-meteorological observations and MODIS data[J]. Chinese Geographical Science,24(2):205-219.

YANG Y,SHANG S,GUAN H,et al,2013. A novel algorithm to assess gross primary production for terrestrial ecosystems from MODIS imagery[J]. Journal of Geophysical Research: Biogeosciences, 118 (2): 590-605.

YAO Y,LI Z,WANG T,et al,2018. A new estimation of China's net ecosystem productivity based on eddy covariance measurements and a model tree ensemble approach[J]. Agricultural and Forest Meteorology(253): 84-93.

YUAN W P,LIU S G,ZHOU G S,et al,2007. Deriving a light use efficiency model from eddy covariance flux data for predicting daily gross primary production across biomes[J]. Agricultural and Forest Meteorology, 143(3-4):189-207.

YUAN W,LIU S,YU G,et al,2010. Global estimates of evapotranspiration and gross primary production based on MODIS and global meteorology data[J]. Remote Sensing of Environment,114(7):1416-1431.

YVON-DUROCHER G,CAFFREY J M,CESCATTI A,et al,2012. Reconciling the temperature dependence of respiration across timescales and ecosystem types[J]. Nature,487(7408):472-476.

ZARCO-TEJADA P J,RUEDA C A,USTIN S L,2003. Water content estimation in vegetation with MODIS reflectance data and model inversion methods[J]. Remote Sensing of Environment,85(1):109-124.

ZHANG Q,XIAO X,BRASWELL B,et al,2005. Estimating light absorption by chlorophyll,leaf and canopy in a deciduous broadleaf forest using MODIS data and a radiative transfer model[J]. Remote Sensing of Environment,99(3):357-371.

ZHANG Q Y,XIAO X M,BRASWELL B,et al,2006a. Characterization of seasonal variation of forest canopy in a temperate deciduous broadleaf forest,using daily MODIS data[J]. Remote Sensing of Environment,105

(3):189-203.

ZHANG X Y,FRIEDL M A,SCHAAF C B,2006b. Global vegetation phenology from Moderate Resolution Imaging Spectroradiometer(MODIS): evaluation of global patterns and comparison with in situ measurements[J]. Journal of Geophysical Research,111(G4):G04017.

ZHANG Y Q,YU Q,JIANG J,et al,2008. Calibration of Terra/MODIS gross primary production over an irrigated cropland on the North China Plain and an alpine meadow on the Tibetan Plateau[J]. Global Change Biology,14(4):757-767.

ZHANG J H,HU Y L,XIAO X M,et al,2009. Satellite-based estimation of evapotranspiration of an old-growth temperate mixed forest[J]. Agricultural and Forest Meteorology,149(6):976-984.

ZHANG H F,CHEN B Z,VAN DER LAAN-LUIJKX I T,et al,2014. Net terrestrial CO_2 exchange over China during 2001—2010 estimated with an ensemble data assimilation system for atmospheric CO_2[J]. Journal of Geophysical Research: Atmospheres,119(6):3500-3515.

ZHOU Z,JIANG L,DU E,et al,2013. Temperature and substrate availability regulate soil respiration in the tropical mountain rainforests,Hainan Island,China[J]. Journal of Plant Ecology,6(5):325-334.

ZHU W Q,PAN Y Z,ZHANG J S,2007. Estimation of net primary productivity of Chinese terrestrial vegetation based on remote sensing[J]. Journal of Plant Ecology,31(3):413-421.

ZHU X,CHEN J,GAO F,et al,2010. An enhanced spatial and temporal adaptive reflectance fusion model for complex heterogeneous regions[J]. Remote Sensing of Environment,114(11):2610-2623.

ZHUANG Q,HE J,LU Y,et al,2010. Carbon dynamics of terrestrial ecosystems on the Tibetan Plateau during the 20th century: an analysis with a process-based biogeochemical model[J]. Global Ecology and Biogeography,19(5):649-662.